U0075251

會賺錢
會花錢

家庭理財全知道

查繼宏◎編著

會賺錢

腰包才會越來越鼓

會花錢

老本才能吃得長久

崧燁文化

目錄

第一篇

會思想，財運離你才最近

第一章 人無遠慮必有近憂

會賺錢，更要會理財

俗話說的好，「你不理財，財不理你」，一個成功的人不僅要學會賺錢，更要學會花錢，不要等你辛辛苦苦賺來的錢「縮水」的時候，纔想起來理財，那時候就為時已晚了。

理財其實沒有人們想象的那麼複雜，說白了就是兩件事：賺錢、花錢。可能有人會覺得這種說法太過簡單，但理財的實質大抵不過如此。

世界上最有效的「變心藥」就是錢，為了錢，誰會不動心？如果有人說他不會，那也僅僅是因為數量不夠多，誘惑不夠大罷了。錢對人產生的最大影響不是生活的改變，而是心態的改變。

所以理財最重要的是心態，只有保持平和的心態，正確的觀念，才能把理財變成一件很輕鬆的事情。

很多年輕人都很會賺錢，可是會理財的人往往很少。財富就像自來水廠的水庫，收入支出就像自來水管道，流進來的水不一定是你的，流出去的水肯定不是你的，只有留下來的水纔是你的。

年輕人一般都心高氣傲，不懂得細水長流，這是理財的大敵。現在的年輕人大多是「月光族」，不過如果你連財都沒剩下，談何理財？當看著和自己一樣上班一樣賺錢的同事都買房、買車、出國旅遊時，你還會不在乎理財的重要性嗎？

如果你實在賺錢太少，那麼教你一招，從存錢開始吧。剛畢業的大學生或者剛剛組建家庭的年輕人在經濟上必然會有困難，那麼，這個時候就不要去「高瞻遠矚」地計劃著買車、買房，這樣只能是給自己增加沉重的負擔，不如把微薄的薪資存下來，用於將來的理財。

記住一個真理，無論你多麼會賺錢，也不能只知過度揮霍而放棄理財，否則沒人救得了你。哪怕是簡單的去銀行存款，也是一種基本的理財方式，所以，像對待情人一樣對待你的錢，你的錢自然會給你帶來情人般的甜蜜。

曾經在英國新聞界紅極一時的主播艾德．切米爾被迫賣掉房子露宿街頭，這一切都來源於他對金錢的態度。作為20世紀80年代最有名的英國電視新聞記者、主播，他曾經擁有10萬英鎊的年薪和50萬英鎊的房子，每年兩次的海外度假，彷彿一切美好的事物都來到了他的身邊。可是，就是這樣一位本應該一輩子不用為錢發愁的人卻流浪街頭了。

切米爾「失業」以後，便失去了原有的一切，由於切米爾錯誤的理財觀，導致他在職期間不但沒存下一毛錢，還欠了許多信貸。為了還清舊的信貸，切米爾不得不申請新的信用卡，時間長了，雪球越滾越大，於是在幾年時間裡欠下了25萬英鎊的債務。

切米爾的例子讓我們知道了賺的再多也要學會理財，否則你就是下一個切米爾。

理財，只是有錢人的事？

你也許一直在忙，朝九晚五，從週一到週末，從年初到年底。然而到頭來卻發現，自己要成績沒成績，要收入沒收入，要清閒沒清閒。為什麼會出現這種尷尬的結果呢？這都是因為你不會理財的緣故。

理財？那是有錢人的專利，根本就輪不到我。如果這樣想，那你就大錯特錯了！

法國作家維克多．雨果說過：「沒有任何東西的威力比得上一個適時的觀念。」現代人的生活環境早已不是過去那種單色調，人和事越來越複雜，經濟模式也越來越多樣化，生財之道五花八門，各種消費方式令人眼花繚亂，如果不清晰地進行規劃和羅列，其結果就是你的生活如同亂麻一般。

在這紛繁複雜的現代社會，理財的人不一定都能成為富人，但如果你去不理財，你絕對成不了富人，傳統守舊、不加規劃就意味著貧窮一生。無論你是上班族還是自由職業者，無論你家財萬貫還是入不敷出，都應當學會理財！

生財，人所必須；理財，人所必要！事實上，越是沒錢的人越需要理財，在經營人生的過程中，越是沒錢越是輸不起。辛辛苦苦掙來的錢，如若稀裡糊塗地花掉，到頭來只能落得羨慕別人的份，豈不是很鬱悶？

投資理財與生活是休慼與共的事，也是一門需要好好學習的課程。理財的關鍵就是合理分配你手頭的資金，使有限的資金對你的生活發揮最大的效用，甚至為你帶來更多的財富，創造更高質量的生活。

即使你再捉襟見肘，即使你再迂腐木訥，只要學會合理利用那份有限的資金，通過自己努力，最終會聚沙成塔，「鹹魚翻身」！

曾經有一位失業女工，從小家境貧寒，婚後夫妻二人經濟狀況也不好，加上女兒讀書，家庭經濟狀況頻頻告急。好在她很早就在困難中學會了精打細算，重視每一毛錢的去向，用心地去琢磨怎樣才能讓自己手中的每一毛錢都發揮最大作用。平日家裡每一筆開銷，都有詳細記錄。她還從每月的家庭收入中拿出20%作為固定的家庭儲蓄，這樣的習慣十幾年如一日。後來，當她失業時，她手裡已經有30萬元了。這時，她從裡面拿出20萬，開起了一個小服裝店。在她小心翼翼的經營下，小店慢慢地壯大了。幾年之後，她的名下已經有3家規模不小的公司。

從失業女工到幾家公司的老總，這樣的成功有一點是我們無論如何不能忽略的，那就是不要忽視小錢的力量，它們看起來就像零碎的時間，可一旦懂得合理運用，所收穫的果實往往豐碩誘人。現在，你還覺得理財只是富人的專利嗎？

所以，不要再說理財與你無關，給自己一個清醒、正確的認識吧，理財先立志，樹立正確的觀念，擁有必勝的信心和堅強的信念，把科學合理的理財之道運用到你每一天的生活中。這樣，你的財富纔不會在歲月蹉跎中一窮二白，纔不至於那麼辛苦和無奈，進而纔會在這個社會上擁有話語權，纔會有機會體現你更多的人生價值。

理清你的大腦，現在就踏上自己的理財之路吧！

投資沒有百分百的定心丸

所謂「人在江湖漂，哪有不挨刀，」在理財這個江湖裡，沒有人敢保證自己理財上的「武功」是最高超的。

技壓群雄、獨領風騷數十年的事，只會發生在金庸的武俠小說裡。在理財的世界，風水永遠是輪流轉的，沒有人會一直賺，也不會有人一直賠，正確對待風險並且積極應對風險的人就戰勝了自我，同樣，他們才有戰勝金錢的希望，而那些面對失敗就畏畏縮縮的人，根本不會在理財的道路上走的長遠。

想要在理財的道路上走的穩，就要正確地去面對投資的壓力和風險。沒有任何一項投資是完全保險的，就算是銀行儲蓄，也時時會遇到通貨膨脹的侵襲。所以，在這樣的前提條件下，你就要認清一點，那就是投資是沒有穩賺不賠、不擔風險的。

聰明伶俐的小美大學畢業工作幾年後，決定自己創業，開家服裝店，於是憑著自己的聰明和努力，終於把店開了起來。她的生意蒸蒸日上，三年後也賺了幾十萬。

小美是個網蟲，平時在店裡看店，沒事就喜歡上網。她透過網路聊天，在網上認識了一位姓周的男子，該男子自稱是某外資投資諮詢公司的交易員，跟小美經常談論他的「豐功偉績」，把網上外匯交易吹得天花亂墜，問小美是否有興趣做這方面的投資，小美心動了，決定與周某見面。

小美隨後到周某所在的公司進行瞭解，在其公司，她還遇到了幾個客戶，那幾個客戶都告訴她，張某操盤的外匯交易確實讓他們賺了不少錢。

小美想自己實地也考察過了，也仔細分析了張某的解說，覺得應該沒什麼問題，於是就在張某的慫恿下開了戶，幾乎把自己這幾年來賺的錢都投了進去。開戶三天後，就接到張某的好訊息，說他已經幫她賺了 2000 美元，小美高興極了，想著以後賺更多的話，就把自己的店再擴大些。沒想到，不久之後，張某告訴她，由於他的失誤，看錯走勢，手裡的多單被套死了，無法解套，而且每天的虧損達到了上百美元，賬戶上的餘額正在快速地銳減中。

小美這才擔心起來，再仔細一看賬單，才發現，自己的每次交易不管虧盈，交易商都要從中抽取60美元的佣金，兩個月中，交易商所抽取的佣金就高達1000多美元。並且，因為操作☒存在賣空，小美每天還要支出10美元的利息。最終，三個月後，小美辛苦賺來的幾十萬就被張某「炒」得一毛不剩。小美追悔莫及，店裡也沒有了流動資金，沒法進貨，服裝店沒撐多久就倒閉了。小美又回到了打工的行列，發誓再也不投什麼資，以後就老老實實賺錢、攢錢。

像小美這樣的例子，在我們生活中很多。其實小美剛開始的投資想法沒錯，但是她的問題就出在沒有足夠的理財風險意識。

因此，要對投資，尤其是高風險投資的理財手段有充分瞭解才能介入，要努力學習相關知識，儘快適應理財的需要，才能成為理財達人。

不得不防的四大「財富殺手」

所謂「財富殺手」，就是隱藏在你財富之下的定時炸彈，你不去招惹它，它不一定不來招惹你。可能你的財富「命大」，一次兩次都逃過了財富殺手的追殺，可是你的財富能好運一輩子嗎？理財的道路上能一直不被財富殺手盯上嗎？答案是顯而易見的，不能！

一個人從踏上理財道路開始就一直面臨著財富殺手的威脅，有的能躲過去，有的躲不過去。但是，不管你是一個有危機感的人，還是一個有僥倖心理的人，你都不得不認識一下威脅你財富終生的「四大殺手」。

排名第一「殺手」資料：

姓名：失業

年齡：自你就業那天起它就誕生了，跟隨到你退休為止。

殺手檔案：市場經濟所帶來的激烈競爭，導致缺乏競爭力的企業無法維持經營，最終造成失業人員的產生。企業為了壓縮成本，增加股東的回報率，不得不採取併購和裁員的措施，而這些裁減下來的人員就很不幸的成為「失業殺手」的獵物，一旦自己不能很好地處理失業所帶來的不良反應，你的職業壽命和理財壽命就會「壽終正寢」了。

排名第二「殺手」資料：

姓名：疾病

年齡：從出生到嚥氣。

殺手檔案：人乃天地造化，生老病死是人之常情，再好的身體也架不住病魔的折騰。可是對於理財來說，最可怕的不是生病，而是疾病背後所帶來的高額醫療費用。一般的門診和治療費用，你也許還承受得起，可是重大疾病的醫藥費恐怕就得讓你掏空那些本來用於理財的錢來「埋單」了。

排名第三「殺手」資料：

姓名：意外傷害或殘疾

年齡：自意外傷害發生之日或意外殘疾發生之日起到臨終。

殺手檔案：交通事故、火災、自然災害、蓄意謀害等意外情況時刻都在上演著，時刻可能終結一個鮮活的生命，同時終結的還有人們的理財生命。就算大難不死，落得一個殘疾之身，試問你那點理財積蓄養活你自己夠嗎？這個不可知、不可抗拒的隱性殺手只能儘量提防，誰也不敢保證自己不出意外，我們所能做的就是，儘量減少意外發生的概率。

排名第四「殺手」資料：

姓名：通貨膨脹

年齡：每時每刻都在成長，並且永無終結。

殺手檔案：即使你把錢和人都保護在一個絕對安全的環境中，你也積極鍛鍊身體，讓自己不生病、少生病，那麼你的錢還是有可能被「謀殺」。

把錢放在銀行裡看似安全，其實你的錢時時刻刻都在「縮水」，試想一下10年前的20萬和當今的20萬還是一個概念嗎？所以預防這個殺手就只能選擇讓你的錢不斷增值的投資手段，而簡單的銀行儲蓄必然讓你後悔莫及。

積極地面對理財中遇到的挫折，小心堤防你身邊的理財殺手，保住財富的根本是保住你自己。在自己無病無災的前提下，盡心盡力地工作，不要被單位和企業淘汰掉，然後進行合理的投資，讓你的錢不會隨著時間而貶值，這纔是預防四大「殺手」的良策。

要不要存私房錢？

曾有鄉民在網上討論一個男人怎樣才算是「畢業」的話題？有網友說：「男人只要有煙、酒、房、車、妻子、孩子、薪資、私房錢，就算是「畢業了。」可能有人會對此產生疑問，前幾樣東西很容易理解，而「私房錢」為什麼會位列其中呢？

其實男人攢私房錢無非兩個用處，一是為了在老婆管錢太緊的時候，保全在朋友兄弟面前的面子；二是為了過一把理財的癮。凡是男人對錢都有極強的控制慾，把自己的私房錢投到股市或者基金中，讓錢生錢，這也是每個男人渴望過一把的理財癮。

基於這兩個原因，大部分男人攢私房錢其實並非是為了花天酒地，而是為了滿足心理上的需要和朋友之間的面子。如果女人能對私房錢「睜一隻眼閉一隻眼」，有的時候，也會收到意想不到的理財效果。

女人透過男人的私房錢理財，被戲稱為「借雞生蛋」理財法，常常適用於那些藏私房錢的夫妻之間。當女人發現自己老公偷偷攢下私房錢時，先不要打草驚蛇，假裝不知道，待老公攢到一定數目時，再一舉「查抄」，這樣既可以讓老公幫自己攢住錢，又可以獲得「意外之財」。

如果你不想把老公辛辛苦苦偷偷攢起來的私房錢拿走，可以暗示他為家裡添個家具或者買份保險，這樣可以做到「取之於家，用之於家」，最大限度地保證了私房錢沒有花在賭博、嫖娼、吸毒等惡習上。

就算老公偷攢一些私房錢，只要用處得當就可以了，你大可以不必深究錢的來源。說不定情人節或結婚紀念日的時候，老公會突然用私房錢給你買一條項鍊，這不是既省心又浪漫嗎？

所以，對於男人存私房錢，聰明的女人不要去揭穿他們，讓私房錢在無形中成為家庭理財的一部分，不是更好嗎？

一位名叫阿志的網友，在帖子裡說到自己藏私房錢的經歷。他和妻子結婚後，妻子就開始獨攬家裡的經濟大權，他每個月的薪資，都得如數交到妻子手上。雖然妻子聰明賢惠，持家有道，讓家庭生活過得也富裕有加，但他作為公司的市場總監，工作之外與客戶應酬不可避免，與朋友聚會玩耍，也是日常所需。但就是因為妻子把家裡經濟管得過於嚴密，在客戶和朋友面前，他經常會因為錢的問題而遭遇尷尬。於是他瞞著妻子悄悄地攢起了私房錢。藏了一段時間之後，還是被妻子發現。妻子為此特別生氣，並嚴厲警告他從此再也不準藏私房錢。有一次遇上朋友結婚，妻子在紅包裡放了6000元，但從男人的角度來看，他覺得有點少，於是，揹著妻子偷偷地從自己的私房錢裡又加了40000元。

後來妻子決定要買房子，但是首付還差幾萬塊錢，只能靠借，於是妻子建議他向朋友借，他就故意跟妻子抱怨說：「那時你給人家那麼點結婚禮金，讓我很沒面子，我可不好意思去。」

沒想到第二天，他朋友就給他送來了10萬元，妻子非常意外，一個勁兒地感謝，誰知朋友卻說：「嫂子太客氣了，真是不把我當兄弟，當初我結婚，你和大哥那麼爽快，送了我們一萬塊的厚禮，現在你們有困難，我能不幫嗎？」此話一出，妻子大惑不解，事後，丈夫才跟她解釋了原由。之後，網友又從銀行取出2萬元私房錢，救了買房之急。從此以後，妻子對他藏私房錢也就睜隻眼閉隻眼了。

有目標，才有完美的理財計劃

三國時期著名的政治家、軍事家、蜀漢丞相諸葛亮，曾經有過一篇流芳百世的《隆中對》，這篇策論文章之所以能打動劉備，就是因為它抓住了劉備的目標——振興漢室。劉皇叔雖然少年窮困潦倒，但是對漢室不失忠誠。他出道以後既不想獨霸天下，也不想割據一方，更不想寄人籬下，只想著一邊振興漢室，一邊開創自己強大的根據地。所以諸葛亮在正確分析其目標之後，制定出了堪稱完美的戰略計劃，一舉打動了劉皇叔的「芳心」。

結合諸葛亮與劉備的經歷，如果把這些應用到理財上，就會很明顯地得到一個啟發，那就是有了明確的目標，才能制定出完美的計劃。如果你不知道自己理財的目標是什麼，那麼你制定出的自認為「完美」的計劃，很有可能是爛紙一堆。

每個人的理財目標都不太一樣，大體上可以分為以下幾項：

第一，增加緊急情況下的保障性；

第二，穩定收入，對抗通貨膨脹；

第三，提高家庭生活水平，促使資產增值；

第四，養老和疾病時有財可用；

第五，購買汽車與房產；

第六，為子女成長做準備。

當然，根據個人情況還會有一些特殊的理財目標，但如果你沒有一個明確的理財目標，那麼你的理財效果將會大打折扣，所以，制定一個適合自己的理財目標是非常重要的。

那麼，如何確立理財目標和制定理財計劃呢？

首先，要訂立目標，並對目標進行細分和規劃。

1. 訂立目標。能用現金進行表示和計算的才是有效的目標，所訂立的目標要有實現的時間表。符合這兩個條件，你的目標基本也就可以確定了。

2. 排列目標的實現排序。大部分人會比較注重短期目標，卻忽視長期目標。但長期目標恰恰是基本目標，往往金額較大、時間較長，如購房、買車、教育、養老等。為了確保目標的實現，要根據達成目標的資金量和時間，按時間長短、優先順序別進行排序，把基本目標放在首要位置。

3. 分解和細化目標。即制定達到目標的詳細計劃，如每月存多少錢、每年要得到的收益等。

其次，要確定投資組合。

1. 早投資，長堅持。儘快行動，年限越長，當然收益就越多，早付出行動才是實現目標的有效方法。

2. 資產配置分輕重。分析各類資產賺錢概率的大小，概率大的就多投入，概率小的就少投入。比如，股票界有名的「股神」巴菲特，他的年平均投資收益率只有26%左右，但經過40多年的積累，他卻成了當今世界的首富，充分證明了在投資領域的一句老話「寧可小賺，不要大賠」。

3. 按目標的期限選擇投資產品。不同期限的理財目標，要選擇不同的投資方式，短期目標選擇短期投資方式，中長期理財目標要選擇中長期投資方式。使投資品種與目標相匹配，目標才更容易達成。

別滿足於你現在的收入

中國有句俗語，叫「寧做飽死鬼，不當餓死魂」，這句話體現了老百姓寧可貪心而死，也不願貧窮而死的心理。這句話雖然應用在很多地方是片面的，但是從理財的角度上講，卻是十分正確的。

只有不滿足於現在的收入，你才會更努力地去工作，更用心地去理財，讓你的財富像「滾雪球」一樣，越滾越大。滿足於當前收入的人是不適合理財的，因為這種人過於保守，很容易滿足，所以不適合與金錢打交道。

對於自己的收入，可能有些高薪白領以及金領會心滿意足，可是你們想過沒有，假如有一天你碰到了很嚴重的意外，你目前的收入不足以解決時，你再去開始賺錢，那還來得及嗎？所以，從拿第一個月薪水起，就要養成不滿足於固定收入的習慣，這樣才能更快地積累資金，從而實現自己的人生目標。

大膽地追求更高的收入，讓理財變得積極主動。貪得無厭是可恥的，但不滿足現狀、更加努力地工作是應有的人生態度。看看那些比你生活優越的人，想想以後沉重的家庭負擔，你真的對你現在的薪金滿足嗎？

有這樣一個故事，在偏遠山區的一座監獄裡，關著三個犯人，他們一個是美國人，一個是法國人，一個是猶太人，都被判了4年的有期徒刑。幸運的是，這個監獄的監獄長是位非常善良的長官，他對這三個犯人說：「我可以滿足你們每人一個願望。」美國人想，自己被關在監獄裡，身不由自，也不敢有什麼奢求，他愛抽雪茄，有雪茄抽他就心滿意足了，於是對監獄長說：「我只要三箱雪茄就可以了。」第二個許願的是法國人，他也抱著跟美國人同樣的心理，覺得也沒什麼可追求的，而這個人的最大愛好就是喜歡美麗的女人，他就跟監獄長說道：能把我的女友接到監獄裡來，並和她關在同一個牢房，讓她陪伴著我，我也就知足了。」最後一個是猶太人，善於理財的他對監獄長說：「親愛的長官，我只要求您能在我的牢房裡安裝一部可以和外界聯繫的電話。」3個犯人都分別說出了自己的願望，並且監獄長也滿足了他們。

一轉眼，四年的刑期結束了。

監獄大門開啟後，美國人第一個衝出來，嘴裡和鼻子裡塞滿了雪茄，並且大聲喊到：「快給我火！氣死我了，自己當時只想著要雪茄了，竟然忘記了要火！」

緊接著出來的是浪漫的法國人，只見他手裡抱著一個孩子，後面跟著的是他漂亮的女朋友，及另外兩個孩子。在監獄4年的時間裡，他組建了自己的家庭。

最後出來的是那位聰明的猶太人，他優雅地整理了一下自己的西裝，然後，緊緊地和監獄長擁抱，並激動地說道：「謝謝您！長官。雖然我在入獄之前已經很富有，但這四年來，我從沒放棄對財富的追求，我每天和外界保持聯繫，把我的財富投資到許多地方，四年後，不但沒有虧損，反而得到比原來多了100倍的財富，為了感謝您對我的幫助，我決定送您一輛勞斯萊斯。」

從這個故事中，我們很容易看到，有什麼樣的追求，就決定得到什麼樣的生活。不斷追求，才會讓我們收穫更多。

記賬不是浪費時間

現在有很多人都不懂得理財，認為理財是很專業、很神祕的。其實所謂理財就是別人花錢的時候你攢錢，別人攢錢的時候你投資，別人投資的時候你受益，別人受益的時候你又投資。只要你擁有幾個良好的理財習慣，掌握一些理財知識，如果不發生意外的話，你就可以被稱為理財人士了。

想要成為理財人士，必須養成的第一個習慣就是記賬。即使你有博士學位和很高的薪水，如果沒有良好的理財習慣，那你仍然擺脫不了貧窮。如果你從小就有記賬的習慣，那麼恭喜你了，你是天生的理財胚子，如果你想要半路出家，後天養成記賬的習慣，那麼同樣「恭喜」你，你有罪受了。

記賬是個非常痛苦的過程，在記賬的過程中，你會發現自己一個月的消費支出都流向了哪裡，而且你還會驚嘆道「我以為自己不會在這方面花錢的！」記賬雖然痛苦，可是記賬的好處是顯而易見的。第一，記賬能讓你做到心中有數；第二，記賬能讓你變得節約；第三，記賬能讓家庭的財務透明化，避免不必要的爭端；第四，記賬可以幫你考慮下一步的理財計劃。

看了以上好處，記賬再痛苦也是值得的。從現在開始記賬，你就會「一輩子有錢花」。

夏林是某電視臺的節目製片人，平日工作繁忙，根本沒有時間理財。卻一直保持著記賬的習慣，正是因為這個習慣讓她成了「數字天才」。

五年前，夏林剛參加工作時，每到月底，總發現錢包裡空空如也，怎麼絞盡腦汁也搞不清楚，每個月賺來的薪資花到了何處。她就這樣稀裡糊塗地過了一年。一天，夏林發現有個同事閒暇之餘在電腦旁記錄，走近一看，才發現同事電腦上面密密麻麻記錄的是日常開銷賬目——每天買了什麼，總共花了多少錢，都記錄得清清楚楚。同事告訴她，可別小看這記賬，記好了，它能給你省下不少錢呢。夏林以前總覺得記賬太麻煩，沒什麼意義，純粹浪費時間，可是從此之後，她也開始了記賬。

由於夏林的工作十分繁忙，所以她選擇了既方便又快捷的網上銀行記賬功能。每天都抽出一點時間，把每天的消費支出，都分門別類地做詳細記錄。剛開始的時候，她覺得很繁瑣，幾次都差點半途而廢。理財專家曾對她說：「控制自己的花費，就像要控制自己對甜食的慾望一樣難，但如果把記賬看做每天都要擦的口紅一樣必要，那消費的衝動慾望就會減半。」專家的經驗之談，讓夏林堅持了下來。就這樣堅持了5年之後，她不但改掉了胡亂花錢的毛病，還成為了數字計算的高手，同時為自己攢下了一筆可觀的積蓄。

第二章 家庭理財實戰指南

把理財目標當作信仰！

在當今社會，理財是個很熱門的話題，已經成為一項全民參與的「大眾活動」。理財大軍中，真正能懂得理財是一場持久戰的人很少，懂得而又堅持下來的人就更少了。僅靠一時衝動加入理財大軍的人，不在少數，但能夠像信仰一樣堅持一輩子的，寥寥無幾。

而世界上很多事情就是這麼巧合，這僅剩的幾個人卻無一例外地成為成功人士，盛名多金，且躋身上流社會。

我們應該謹記，只有長久的把理財當作一份事業，才能收穫豐厚的果實，只有堅持把理財當作一種信仰，才能獲得最終的成功！

「股神」巴菲特就曾經說過，「如果你沒有持有一支股票十年的決心，那麼你一分鐘都不要持有它」。可見巴菲特之所以能成為「股神」，並非是靠天賦和運氣，他買入股票，並不是想有人來炒作它，而是透過很長時間的堅持，等到他所投資的企業不斷增長壯大後，他所買入的股票價格就能夠慢慢接近它的真實價值。在投資界創造傳奇神話的巴菲特，正是因為懷著對投資的堅定信仰，才創造出如今的傳奇。

生活於19世紀上半期的丹麥著名哲學家克爾凱郭爾，是存在主義的先驅。他曾經說過：「你怎樣信仰，你就怎樣生活。」對於理財，我們也可以說：「你怎樣信仰，你就怎樣理財。」

從某種意義上說，任何一種理財方法或者原則，不在於你掌握和運用它的熟練程度，而在於你對這些理財方法或者原則的信任度。能夠一如既往地堅持，無論遭遇怎樣的困難和挫折，能始終保持對理財的信仰，以及對理財的不斷探索追求，才是最難能可貴的。深入細緻的價值發掘和看似簡單的堅持，需要信仰般的堅定和執著。

那麼，要想擁有如此堅定信仰的基礎是什麼呢？其實很簡單，就是對美好的明天堅信不疑，相信自己能夠創造幸福的強烈信心。理財過程中，必須長期不懈地堅持下去，而且要坦然面對漫長的等待和不可避免的財富波動。如果沒有正確信仰的支撐，是很難順利進行下去的。

情緒管理是理財的第一步

大多數人在理財的時候往往過於情緒化而導致自己方寸大亂。就拿儲蓄來說，很簡單的事情，每月拿出固定的百分比來存入銀行，按說沒什麼可深究的，但是這裡面有一個不穩定的因素，那就是個人的情緒。一旦你一時衝動，決定先買臺空調解決一下炎炎夏日的高溫，那麼這個月的儲蓄計劃就會很容易流產。人類都是感情動物，所以能控制好自己的情緒，在理財的道路上才會走得穩。

有句話叫作「善於管理投資情緒的人會更加接近財富」。這句話很直觀地告訴了人們情緒對理財的重要性，情緒不穩定時做出的決定往往會讓人後悔，所以，要想管理你的財富，先得管理你的情緒。

拿證券市場來說，股票投資者的情緒化，最常見的表現就是「隨波逐流」看見別人在買進某支股票，馬上也會跟著買；看見別人都在拋售某支股票，立馬跟風拋出。這種情緒化表現，就好像醫學界裡常見的傳染病一樣，在很多投資理財者身上都會發生，並會很快向其他人散播。這種衝動、非理性的情緒，常常會導致投資理財者做出不正確的評估計算，從而最終導致魯莽的、不理智的投資決策和投資行為。

這樣的例子隨處可見。李先生有一份不錯的工作，薪資收入也不菲，生活過得很是安逸。一直以來，他的理財方法都是把一半的薪資用來做定期儲蓄和定投基金。這樣做雖然很安全保險，但這兩種理財方式獲得的收益卻沒有多少。

當李先生看到身邊的同事朋友做股票投資，所獲得的收益比他多三四倍時，心裡也有了一絲羨慕。但李先生仍然覺得，投資股票的風險太大，因此並沒有心動去炒股。然而，由於一段時間裡，股票行情一直看好，李先生那些炒股的朋友賺的錢越來越多，而李先生的收益卻仍然是波瀾不驚。加之他的朋友經常在他面前把股票投資說得頭頭是道，李先生開始動搖了，決定自己也進軍股票市場。

隨後，李先生到證券公司開了賬戶，開始大舉買入股票。然而，時運不濟，隨後的兩個月，股票市場持續低迷，李先生大量買入的那些股票價格大幅下跌，市場價值幾乎縮水了一半。李先生原本應該藉此機會逐步抄底平倉，但由於前面的損失太大，李先生承受不了鉅額虧損的壓力，只好忍痛把股票割肉賣了出去。

李先生的這次股票投資失敗，就是在情緒化的支配下導致的。

那麼，我們要怎麼才能化解情緒化理財呢？

成功理財的第一步，就是必須站在一個客觀、理性的立場上，看待每一種理財方式，絕不能人云亦云，隨波逐流。想要做到這一點，就要在理財時杜絕「激昂、興奮、貪婪、猶豫、嫉妒」等情緒和心理。只有保持一個理性清晰的頭腦，才能確保理財決策的正確性和客觀性。

如果自己不能客觀獨立地分析理財，那麼，你可以選擇一位值得信賴的投資顧問。所謂「不識廬山真面目，只緣身在此山中」，投資顧問憑藉專業的知識技能和豐富的實戰經驗，可以幫你冷靜地分析形勢，權衡利弊，用客觀理性的投資視角，幫你消除理財中的情緒化，同時你也可以節省一些精力和時間，讓理財變得輕鬆和從容。

不同的人生階段，不同的理財方法

理財就如教育孩子一樣，在人生的不同階段要用不同的方法。假設你的孩子已經上初中了，你還用教育嬰兒的方法去教育他，那麼效果必然很差，甚至適得其反。我們來簡單分析一下人的一生之中，通常都會經歷的理財的各個階段。

對於大多數人來說，理財的第一個階段，是從參加工作開始到結婚之前。這個時期相當於原始積累期，處於這個時期的人沒有家庭的負擔，而且年輕、精力旺盛，但是同樣，他們也沒有來自另一半的幫助。

這個時期理財的重點就是找一份高薪的工作，讓自己儘可能多地積累原始資金。這個階段的首要目標就是賺錢存錢，然後讓自己的財產增值，終極目標一般都是購買房產，以備結婚之用。由於這個時期單身一個人，無後顧之憂，可以試著將財產的一半投入到風險較高、回報較大的股票、基金等投資項目，剩下的錢用在定期儲蓄和保險上。

第二個階段是從結婚到孩子出生之前。這個階段雖然收入會有所增加，但是家庭的開銷也會隨之增加，而且許多家庭會面臨房貸、車貸等按揭性還款。這個階段的重點是穩定家庭收入，添置家庭硬體，為將來養育孩子做準備。在家庭負擔還不太重的情況下，可以嘗試放棄定期儲蓄，將一半的結餘用於高風險的投資項目，另外一半作為活期儲蓄和購買國債、保險。

第三個階段是從孩子出生到上大學。這個階段兩人的收入都會達到一個較高的水平，經過多年的經營，理財也已經初見成效，所以這個階段主要是把錢花在孩子身上。父母可以把資產的一半拿來用作孩子的教育投資，另外一半購買國債和保險等穩定型投資產品。

第四個階段是從孩子上大學到孩子找到工作，這個階段父母主要是投資一些長線項目，以應對孩子高額的教育費用和找工作時所花的錢。這個時期的主要任務就是資產的進一步增值和應急資金的安排，讓家庭時刻都有應對突發事件的能力。

子女教育的理財規劃，通常是每個家庭理財規劃的重點，子女教育有基礎教育和大學教育，其中大學教育費用最高，對資金的支出需求最大，父母應該儘早做好孩子的教育投資規劃，確保子女的教育需求。

第五個階段是從孩子找到工作到自己退休。這個階段相對輕鬆許多，孩子身上也不用再花錢了，自己該花銷的大項目也全都過去了，剩下的錢就是攢下來養老了。這個時期推薦多買保險，比如養老保險、意外傷害保險、重大疾病保險等，這些險種很適合這個時期人們的需求，有備無患，以防萬一。

在人生的不同階段，有著不同的理財方法，如果每個階段都能按部就班地規劃實施，雖然不敢保證你會一夕暴富，但起碼可以保證你安穩地度過一生，讓自己在每個階段都不會過得很艱難。根據自己的情況，在不同的階段制定不同的理財方案，才能讓自己的資金「活」起來，讓自己的生活安定富足。

家庭理財要面面俱到

家庭理財理的是什麼？是薪資嗎？並不確切。是房產嗎？也不確切。正確的說法應該是你的實際財富。實際財富指的不是你掙了多少錢，而是你手裡還剩下多少錢。所以，理財理的是你花銷過後的那部分資產。然而生活中處處要花錢，處處都可能掙錢，又處處都可能省錢，所以家庭理財要做到面面俱到。

由此看來，掙錢、花錢、省錢都是學問。對於掙錢，可以說每個人都知道，掙的越多越好，這點是毋庸置疑的。但是要堅持一個原則，那就是不掙黑心錢，否則在理財的過程中，你不但於心不安，而且要隨時面臨法律的制裁，這可就得不償失了。

花錢看似是一件很簡單的事情，什麼人都會花，幾乎是天生的本能一樣，沒有人拿著錢花不出去的。但是會花錢和亂花錢是兩碼事，會花錢的人能讓自己用有限的金錢買到最需要、最合理的東西，而亂花錢的人卻用有限的金錢把有用和沒用的東西都買回來。

同樣，省錢也是如此，養成節約的好習慣會讓你在無形中多出一筆平時看不到的財富。面對打折的商品，保持理性，出門少打一次車，每個月少做一次美容，去飯店時少點一個不是很必要的菜。這一些如果面面俱到，那麼你的財富也將會在你「面面俱到」的培養之下健康成長，開花結果。

某外企公司的銷售總監于先生，現年32歲，已婚。剛完成 EMBA 的深造，月收入在 100000 元左右，妻子月收入約 50000，可愛的女兒已經3週歲了，家庭每月總收入在 180000 左右（含房租收入），夫妻二人在工作單位均有團保。8年前于先生貸款 200 萬元在郊區買了一套兩房一廳的房子，月還款 10000 元，貸款年限為10年。5年前又貸款 500 萬元在市中心購買了一套三房一廳的房子，月還款 25000，以 30000 元／月租出。于先生還購有一輛福斯汽車，貸款期限還有3年。家庭在銀行存款有60萬元，持有股票市值70萬元，貴重物品價值40萬元。于先生還計劃在5年內在市區購買價值 1500 萬左右的三房一廳的住宅。

根據于先生的家庭財產狀況，我們可以看出于先生家庭的股票投資和房地產投資比例較大，資產分配存在不合理現象，並且沒有商業保險方面的投資。家庭理財並沒有做到面面俱到。

于先生向理財師諮詢後，理財師給于先生的建議是：

適當購買一些商業保險和分紅保險。為了抵禦意外風險，理財師建議于先生夫婦購買全家保障型險種，這種類型的保險，保障的項目比較全面，每年還享有分紅。同時，還應購買終身養老保險來填補勞保的缺口。如果想提前為孩子積累教育資金，可以選擇購買分紅險。

重新配置投資比例，建議于先生減少活期存款金額，開設零存整取賬戶，每月固定投入 30000 元，作為家庭緊急備用金；適當降低股票投資比例，採取中長線的投資策略；加強基金投資比例，比如配置型、高收益債型基金。房產投資方面，建議于先生根據城市規劃建設發展方向，在規劃範圍內購買商住房或商鋪用於投資，幾年後即可獲得較高的增值收益。

由此可以看出，做了以上重新規劃後，于先生的理財變得更全面了，全面的理財必然會帶來高效的利潤和效益。同時，也能避免不必要的家庭經濟風險。

只有細水才能長流

理財投資最忌諱的就是「一局定乾坤」「成敗在此一舉」的心理。不要羨慕那些風起雲湧的「股神」「基金王」「房產哥」，那些人是因為成功才被推到聚光燈前大講「生財之道」。你沒看到的是千千萬萬和他們一樣的投機者最終血本無歸。雖然說成功的風險投資，會讓你資產翻番，但是只需失敗一次就可以讓你連本帶利都賠進去。而且最可怕的是使你在失敗後不能以平穩的心態來面對理財，整天想著「翻本」，最終一無所獲。

所以，在理財上，洪水固然暢快，但是會沖垮堤壩，細水雖然微不足道，但是貴在長流。

「別把雞蛋都放在一個籃子裡」，要把自己的錢分成幾個部分，讓每一部分都變成長線投資，不求馬上回報，也不求一起回報，只要保證需要用錢的時候總有錢可用就可以了。讓「細水」在流淌的過程中衝擊著一個個「理財頑石」，而又不會毀掉你的「理財大壩」，這才是聰明的理財者應該做的。

細水長流指的是利用儲蓄、國債、保險等穩妥的方法，將資金由時下流行的短線投機變成長線理財。這樣做的好處是，細水資金少、規模小、操作簡易，比較容易控制，不像基金或股票那樣，一旦脫離控制，就像脫繮的野馬，讓你無法駕馭。無論你有多少錢，都要慎重地考慮各種資產的安全，儘量給自己留條後路，讓「細水」長流下去。

王小姐新婚不久，夫妻倆都是「80後」，政府公務員，兩人的月收入加起來共60000～70000元，準備在一年之後生孩子。由於雙方都是家裡的獨生子女，結婚時，雙方父母給他們準備好了新房、汽車，小兩口基本沒花多少錢。目前兩人擁有80萬元的存款及50萬元的股票，此外，小兩口還有每月9000元的利息收入，王小姐想把這些資產做個合理的理財規劃。

王小姐的小家庭是現今典型的兩口之家，不過她比其他「80後」幸運的是，這個新成立的兩口之家沒有任何的經濟負擔。由於小家庭剛剛成立不久，家庭資產還處於累積階段，所以理財的重點是：細水長流、聚沙成塔。理財專家給她的理財建議是：

首先建立家庭收支賬本，提前做出各種開支預算計劃，透過這些方法，使兩人都能夠清楚地掌握每月財務的收支情況，做到心中有數，適當節約，以免養成不好的消費習慣，不利於財富的積累。同時，可將每月的盈餘資金進行一些投資，比如購買股票型基金、指數型基金等。

王小姐採納了理財師的建議。一年之後，王小姐發現，這樣細水長流的理財建議，不但為她的家庭積累了更多的資金，同時每月所能節省出來的錢也比原來節省的多出很多。

先把收入的30%存起來

美國著名實業家、超級富豪、美孚石油公司創辦人，被譽為「石油大王」的約翰·D·洛克菲勒1839年出生於紐約州里奇福德鎮，他從父親那裡繼承了務實、守信的經商之道，從母親那裡繼承了節儉、精細、一絲不苟的優秀品質，這些對他日後的成功產生了巨大的影響。在談及他的成功經驗時，洛克菲勒曾給過世人一句忠告：「儲蓄是非常重要的，如果沒有一定的儲蓄，我們的很多計劃都將毫無意義。」

在華人圈，家庭儲蓄非常的普及，可是隨著時間的推移，越來越多的年輕人已經沒有了儲蓄的習慣。如果你想認真學習理財，卻沒有這個習慣，那麼還是奉勸你一句：想要學會理財，就先從學會儲蓄做起吧。

存錢對於年輕人來說尤其重要，每月固定存下一筆錢，你才有可能實現自己的理想和目標。比如你月收入是80000元，想買一輛價值百萬元的汽車，其實這對你來說並不是難事，只要你把每個月收入的30％存起來，然後堅持兩年，再拿著這筆錢投資一些理財項目，大約在第三年的時候你就能買到這輛看起來很貴的車。如果不養成把每個月收入的30％存起來的習慣，即使你賺得再多，也實現不了購買名車的目標。

當下盛行的「月光族」們常常是薪資領到以後，毫無節制地盡情消費，到了月底，一個月的收入就全部花光光。還有一部分不是「月光族」的年輕人，他們的習慣是，先消費後儲蓄，月末剩多少就存多少，缺乏計劃性和固定性，每個月存入的金額是不確定的，有剩餘就存一點，沒有也就不管了。這兩種消費模式都缺乏必要的理財規劃，沒有意識到儲蓄的重要性。

要想實現財富積累的目標，就必須改變這種消費習慣，把你的收支管理起來，管理的第一步就是先儲蓄。在你每個月的收入中，將收入的20％、30％先存起來，用來做儲蓄或投資，剩下的錢再用來消費，並且嚴格控制自己只能在剩餘的那部分金額內消費，不能超支。這樣做能夠培養你良好的儲蓄或投資習慣。日積月累下來，你的財富就會不斷增長，而你也將會變成「有錢人」。

此外，每月固定存下一筆錢，還有利於培養你良好的消費習慣。因為你每月的消費支出是限定在一定數額內的，為了防止超支，你就不得不提前做出各種計劃，對衣、食、住、行等各項開支都要進行合理安排，將它們嚴格控制在預算之內。等到月底，也許你會發現一個驚喜：計劃內的支出費用竟然還有節餘呢。這樣一來，你也就不至於月月光，成為「窮忙一族」了。

給高消費家庭的理財建議

現在社會上有不少「三高家庭」：學歷高、收入高、消費高，這些家庭在理財時，應該注意哪些方面呢？我們一起來瞭解一下。

「三高家庭」的年收入普遍比較高，一般在150萬元左右，而且孩子的年齡都比較大，大部分孩子的年齡在15歲以上，父母對孩子的操心程度已不像對兒童那麼瑣碎。經過多年的經營和積累，這類家庭的存款大約在400萬元左右，車房俱全，在生活方面基本沒有後顧之憂。這類家庭面臨的大項開支主要是給孩子預留大學教育費用和結婚買房的錢，其他方面並無太大花銷。

對於「三高」家庭，推薦的理財方式是購買高信用等級的國債、金融債、央行票據等理財產品。這類理財產品，對於不願意承擔高風險，又想追求較高投資回報的家庭是再合適不過了。為了讓孩子接收良好的高等教育以及將來給孩子買房買車準備結婚，需要準備很多資金，高信用等級的理財產品增值不但快，而且穩健。

另外，「三高」家庭的夫婦普遍都已步入中年，疾病等風險係數增高，這時要適當加重保險的資金投入。為自己及家人制定一套合理的保險規劃，為家庭的未來增添更加牢靠的生活保障。

現年46歲的周先生和44歲的妻子有一個17歲的兒子。身為建築設計師的周先生月收入在180000元左右，作為大學教師的妻子，每月的收入也有100000元。而且，兩個人年終還會有

300000元左右的獎金。周先生和妻子結婚已經20年，銀行存款4000萬，並擁有一套三房一廳的房子及一輛車。但由於這套房子地理位置比較偏遠、交通不太便利，考慮到方便兒子上學，所以，目前一家三口居住在離市中心較近的一套兩居室的出租房內。他們把新房子租了出去，每月房子的租金20000元，用來支付現在所住房子的租金。家庭每月的衣、食、住、行、娛樂、孩子教育費用等基本生活開銷大約在60000元左右，另外，每月還要償還35000元的房貸。

現在周先生一家人的日子過得還算寬裕，也沒有什麼其他的經濟負擔，準備等兒子高考結束後，全家出國旅遊一次。考慮到未來兒子上大學、找工作、結婚等所需的費用，周先生仔細盤算了一下，按照目前的收支情況來看，如果在家庭理財上不做些改變，等他們夫婦倆退休後，並不能留下多少積蓄。

於是周先生想透過投資來增加收益，但是由於平時對家庭理財的忽視，以致對具體的投資理財內容及方式瞭解很少，所以他就去向理財顧問諮詢。理財顧問經過仔細分析後，針對周先生家這種高消費家庭，給出瞭如下建議：

1 重新規劃收支

首先，周先生夫婦房貸月供支出較高，可透過增加貸款年限來減少每月的還款支出。把節省出來的那部分資金，投向一些具有高信用等級且回報較高的理財產品。

其次，理性消費，合理控制消費支出。每次消費之前，理智地分析此次消費是「必要」還是「想要」。這樣一來，周先生一家每月的生活開支，可以控制在40000元以內。

2 調整資產配置

有調查研究證明，家庭的資產配置對家庭的財富積累起著決定性意義，合理、有效的資產配置結構，是家庭財務健康的重要保障。從周先生的家庭資產配置情況來看，目前金融資產和房地產資產之間比例很不平衡，有必要對家庭的資產結構做以下的相應調整。

房產處置：可將開發區的房子擇機出售，然後在市中心購買一套居住和租賃兩相宜的房子，這種房子即使在租賃市場不景氣時，還可以自用，由此抵消掉每月的房租支出。

金融投資：房貸經過規劃後，月供控制在了較低範圍，也就有了更多可以自由支配的資金，但即使將來有了大量現金，也暫不要考慮提前還款，而可以考慮做金融投資，以加快家庭財富的積累。

3 投資建議

建議採取等額定投的方式，從每月盈餘現金中拿出80%進行投資，其中，30%的比例可投資債券型基金，主要在於保值和作為家庭資產中靈活掌握的部分，50%的比例用來投資FOF的平衡型賬戶，投資風險得到二次分散，投資的物件包括了股票型的基金和債券型的基金，可謂攻守兼備。如果年終有大額獎金，則可根據當時的市場情況和家庭財務需要考慮在FOF的平衡型賬戶中追加投資額度。

4 規劃保險

透過一套合理的保險規劃，可以有效抵禦生活中許多未知的風險。其中，意外和健康保險是必備的，它是家庭保障的基礎。因此，周先生和妻子除了要投基本的醫療保險外，還應該投重大疾病保險及人身意外傷害保險。由於兩人年齡還比較年輕，理財的核心是迅速積累家庭財富，每年的保費控制在20000元左右即可。

經過這些總體籌劃之後，周先生的家庭財務狀況變得非常健康，其理財目標的實現也就指日可待了。

給中產階級的理財建議

何謂中產階級？我們通常將其定義為：受過高等教育的腦力勞動者，這些人靠腦力勞動獲得薪金收入，具有較強的職業技能和專業知識以及較高的家庭消費能力，擁有比較寬裕的閒暇時間，有一定數額的靈活資金，追求生活質量，注重精神修養，大多具有良好的公民道德修養。總之，從收入與消費角度看，即介於富人和窮人之間的一個社會群體。

傳統中產階級家庭的三個標誌是：房子、車子、信用卡。現在則不然，從經濟行為的角度來說，現代中產階級有三個共同特徵：職業有一個，投資有一些，愛好有一種。所以，中產階級家庭的收入通常是雙向的，一份是職業收入，另一份是投資收益。

通貨膨脹、貨幣貶值，會激起人們的投資慾望，而房價飆升、股市火爆，則會產生巨大的財富效應。投資理財已成了中產階級的生活必需工具。

但中產階級家庭，在理財上普遍會存在以下一些誤區。

錯誤一：我的理財，我做主。

處於中產階層的人們，往往都擁有高學歷和高智商，在職業生涯中打拼多年，他們都有自己的「生財之道」和理財觀念，有自己獨立的判斷和抉擇。因而對理財的思路、習慣、策略，常常有自己的判斷標準，並親自操刀制定「家庭理財規劃」。雖然這樣做可以一切情況瞭如指掌，但有一些問題還是不可避免地會出現，尤其如果你不是專門從事財經行業的專業人士，就需要付出更多的時間去瞭解、學習、分析、總結理財知識，花更多的精力在投資理財上。

所謂「魚和熊掌不可兼得」，你既要忙自己的本職工作，又要兼顧理財，兩方面都不能全身心地投入，這樣很難保證你所做的理財規劃是正確合理的。另外，如果不慎操作失敗，自己的心態也常會受到影響，也就無法保證你的下一次投資在理智的狀態下進行。

應對策略：該放手時就放手。在自己精力有限的情況下，找一位專業的理財師替你管理財富，挑選一位值得信賴的理財師，比起理財規劃可就「省時省力」多了。定期地瞭解你的財務變化，經常性地爭求「理財師」的建議，適時做出抉擇。實際上，自主權還是掌握在你自己手中。

錯誤二：公私不分。

在中產階級人群中，有很多人是小公司老闆或公司股東，經常會在公司資金鏈出問題的時候，將自己的私人資金拿來充當企業資金，雖然這樣的「近水」可以解決一時的「近火」，但容易形成「慣性」，這樣的做法做多了，就會逐漸將個人資產轉換成公司的儲備資金，這種現象產生的結果就是：誤認為儲備資金充足而加大公司的經營風險，最後導致難以控制的局面，自己的理財目標也無法實現。

應對策略：公私分明。公司營運資金和私人資金一定要明確區分，為了營造公司正常的運作模式和培養個人良好的理財習慣，你甚至可以將個人資金投入到一定期限內無法收回的金融產品中，強制自己養成公私分明的行事風格。

錯誤三：銀行資金「廣撒網」

現今，各家金融機構為了吸引顧客，紛紛推出多種不同收益的理財方式。可供選擇的多了，抉擇也就變得複雜起來。很多中產階層在選擇理財方式和產品時，經常會過多地進行「市場調查」，在各家金融機構頻繁地進行資金排程。雖說「貨比三家」才能挑到更好更合適的，但這種做法是很不科學的。因為，雖然各家金融機構雖然產品各異，但實際卻大同小異，只不過是昨天你比我高今天我比你高罷了。如果你在各家金融機構都有選擇，你選擇的越多，資金也就越分散，以致在任何一家金融機構都不是「VIP」，反而得不到更好的待遇和政策。加之資金的過度分散，也讓各家銀行的理財師無法為你制定全面的理財規劃，最為嚴重的是無法做到「絕對私密」，因為你的大額資金頻繁在各金融機構轉換，容易為你的資金安全埋下隱患。

應對策略：有主有次，合理分配。根據自己實際所需和目標，把自己的資金集中於一家或兩家金融機構，凝聚力量，厚積薄發。

新婚夫婦如何理財

甜蜜、幸福的新婚蜜月過後，新婚夫婦們要開始學會當家過日子了。俗話說「貧賤夫妻百事哀」，沒有「麵包」支撐的愛情終會枯萎。所以，小兩口從現在起，就要學習為自己的新家庭理財。

由於結婚前兩個人都做了充分的準備，所以財務狀況在新婚過後應該是比較寬鬆的，許多新婚夫婦經常就因為眼前暫時的寬鬆而沒有理財意識，還保持著婚前單身時的一些生活習慣，消費不加節制，不注意經濟上的開源節流，沒有一個合理的理財規劃，從而使他們的家庭收支狀況陷入滾雪球式的惡性迴圈中。

無論夫婦倆現在的收入是多少，擁有的資產是多少，理財都不能隨心所欲，必須有合理的理財計劃和適當的收支安排。總的來說，新婚夫婦理財要遵循以下五個原則。

1 確定共同的理財觀念，尊重雙方的消費習慣。

婚前，夫妻雙方來自不同的家庭，有不同的經濟背景和消費習慣，甚至消費觀念也有所差異。婚後，原本獨立的個體消費，變成了兩個人共同的消費。理財成為夫妻雙方的共同責任，在理財習慣上要進行「磨合」，要學會理解和寬容對方的消費習慣。即使對方有一些不良的消費嗜好，也不要進行過度干預，可以在以後的家庭生活中循序漸進地使其改變。遇到比較大額的財務收支時，應共同商定如何處置，以免出問題追究責任時引起爭執，影響到家庭的和睦和夫妻的感情。

2 理智消費，儲備備用金。

新婚家庭的薪資收入和財富積累相對較少，經濟基礎一般都比較薄弱，需要積累更多的財富才能保障日後長遠的幸福生活。所以日常生活不可盲目消費。如果對方提出不理智的衝動消費要求，可以明確表示反對。但也要給對方一定的自主權，允許對方有適當的「私人消費」。開源節流，儲備一定的「活錢」作為家庭緊急備用金，以應付可能會出現的失業失業、突發事故、收入驟降等意外情況。

3 「雙劍合璧」，投資理財。

公開夫妻雙方的收支情況，扣除日常消費後，將雙方的剩餘資金放到一起進行投資理財，如存入銀行，購買保險、投資股票或基金等，透過合理的理財規劃，讓結餘資金最大限度地發揮效用，加快財富積累的步伐。

4 未雨綢繆，規劃未來。

對於新家，你一定有許多的目標和夢想要實現，比如買房、買車、生兒育女等。懷揣希望的同時，難免也會有預料之外的事情發生，這所有的一切都要花費金錢。因此，從現在開始，周密細緻地考慮你們的未來，及早做出長遠計劃，制訂具體的理財目標和方法。

5 認真記帳、明白消費。

養成為家庭財務活動記帳的好習慣，把每月每日的家庭收支都完整清晰地「記錄在案」，透過記帳，可以讓你對每月的家庭財務收支情況瞭如指掌，從而避免一些不理智的消費行為發生。同時，記帳還能幫助你提高自己的投資理財水平，做出更加正確合理的理財抉擇。

除了遵循以上原則外，理財的具體細節和配置安排，還要根據各個家庭的實際情況而定。諮詢專業的理財師，可以為你提供比較合理的解決方案。

單親家庭的理財經

單親家庭，通常是由於夫妻離婚，或是夫妻雙方突然有一方遭遇意外或因病離世造成的。單親家庭的成員結構簡單，一般就是母親（或父親）和其子女，子女如果尚未成年，經濟來源單一固定，支出重點一般是子女的成長教育費用和日常生活的支出。

雖然每個單親家庭情況都不一樣，財務狀況收支也有所不同，但在理財上都要遵循「穩健為主，開源節流」的原則，這樣才能保證家庭生活的「長治久安」。

單親家庭理財，要根據具體情況，在風險保障和子女教育等方面著重規劃。現在的很多單親家庭在理財規劃上，普遍存在一些問題：家庭成員保險份額及比例不協調，無任何或很少有投資收益以及資金儲備。針對存在的這些問題，可從以下幾方面來進行改善。

一、現金規劃

1. 留出家庭緊急備用金。所謂「家庭緊急備用金」，指的是能在一段時間內保障家庭必要生活支出的費用，金額通常為家庭月支出的3-6倍。考慮到單親家庭抗風險能力相對較弱，且保險不足，所以應該多準備一些。可留出月支出的8倍左右作為備用金。

2. 適當投資，增加收益。由於單親家庭的抗風險能力差，所以，建議採用穩健保守的投資方式。如果你手頭有閒散資金不知如何處置，可以把這部分資金用來做適當的投資，以加快財富的積累。如果你已經有投資，那麼要考察一下在你所選擇的投資方式中，穩健型理財產品的比例是否最大。用閒散資金進行投資時，要注意在各種理財產品之間的分配比例。

首先，用20%的資金來做定期存款。存款期限宜選擇短期，這是因為，存款期限的長短對利率的影響不大。

其次，用30%的資金購買國債。

最後，用50%的資金購買基金。可採用基金定投的方式定期定額投入，這樣可以降低平均成本，避免系統性風險。可按以下比例進行分配：30%的高風險高收益的股票型基金，30%的平衡型基金，40％的債券型基金。按照這種投資組合，預計將會獲得6％-10％的年收益，且有一定的保障性。

二、保險規劃

對單親家庭來說，理財最重要的環節就是家庭保障。有些單親家庭保險意識比較薄弱，作為家庭的主要經濟來源與唯一支柱，為其自身購買什麼保險顯得尤其重要。千萬不要以為工作單位辦了勞保跟健保就已經夠了。

保險有許多種類，企業為員工買的保險一般包括：健保、勞保、團保等保險。這些只是最基本的社會保險，這些社會保險相比較商業保險而言，存在諸多不足和不便，並且也不見得每一種都是你真正所需。如果作為家庭支柱的你發生意外或喪失勞動力，很容易讓家庭經濟陷入危機。

因此，除了必須的社會保險外，建議單親家庭投保一些商業保險。比如，意外傷害保險，這種保險適合全家；壽險及重大疾病保險適合為自己和年邁的父母購買；此外，如果你有經營自己的公司或企業，或有大額的財產，建議你適當購買財產保險。

三、子女教育規劃

子女從出生到大學畢業在到工作，所需費用是一筆不菲的支出。一般情況下，孩子的教育資金應本著「寬備窄用」的原則，籌集時要往高標準上靠，以防備有計劃之外的情況發生。

建議進行強制儲蓄和投資，定期定額投入，儲備子女的教育資金。教育保險和投資基金應合理組合。一般情況下，教育保險的回報並不高，但教育保險具有強制儲蓄功能，保障性強，若投保人出意外，則保費可豁免，即投保人如果不幸身亡或因傷殘而喪失經濟能力，保險公司將免去其以後要繳的保費，而受益人仍然可以領到與正常繳費一樣的保險金。由於教育保險回報率不高，應適量購買，能滿足基本需求即可。

四、退休養老規劃

也許你會覺得養老似乎是件很遙遠的事，與自己無關。但由於當今社會職場競爭的激烈性以及單親家庭的特殊性，養老必須早作打算，可適當進行基金定投來積累養老金。投資工具要選擇比較穩健的平衡型基金。專設一個養老基金帳戶，每月投入一定數額資金購買，一直堅持到退休。雖然基金投資也有一定的風險，但如果採用定投方式，持續5年以後，就基本沒有什麼風險了。

小白領們的理財謀略

年輕白領們，一般都很注重生活享受，對於手中的錢財，往往是想買什麼就買什麼，有多少就花多少，甚至隨意擴張信用，一個人持有多張信用卡，消費沒有節制，刷卡刷到爆才知道已負債累累，從而陷入入不敷出的窘境。

即便小有投資，卻經常由於工作繁忙而疏於管理，導致虧損。收入雖不低，但財務狀況卻一團糟。幾年之後，你又將會面臨結婚、生子、孩子教育等諸多問題。如果你的財務狀況如此糟糕，自己卻不知道如何進行合理規劃，那麼到時候，你怎樣應對生活中的那些難題？即使你的財務狀況還不至惡劣到如此程度，你也有必要瞭解以下這些「前車之鑑」。

年輕白領們在理財時常犯的錯誤都有哪些呢？

1. 名牌忠實擁護者。你是否見了名牌就心裡「長草」？雖然名牌很誘人，但要三思，你目前的財務狀況是否承受得起。還是等將來有足夠能力時再多買些吧，為了將來的美好生活，現在也只能偶爾奢侈一下，不能養成習慣。

2. 買車。除了房貸外，還為自己增加沉重的車貸。每月都要支出不菲的油費、保養費、停車費。從理財角度來看，過早地買車並非明智之舉。

3. 借錢投資，這是投資中的大忌。投資有風險，如果你是個投資新手，或無法投入足夠精力管理自己的投資，那麼遭遇投資失敗的機率就會很高。一旦失敗，不但錢沒了，還要欠下一身的債。

那麼，作為年輕白領的你該如何理財呢？

1. 開源節流，合理消費。杜絕不必要的奢侈消費，改變消費觀念，養成良好的消費習慣。

2. 投資自己。財產最原始的積累就是薪資性收入。所以最基礎的就是擁有一份具有前瞻性的工作，才能保障收入的穩定和持續。

3. 儲蓄。建立綜合存款帳戶，從每月盈餘的資金中抽出一部分存入帳戶，手頭留有一到兩個月的生活費即可。

4. 投資生財。如何用錢生錢呢？當然要有投資的「第一桶金」。「第一桶金」是怎麼來的呢？

首先，你要下定決心進行理財。但決心好下，卻貴在持之以恆。

其次，確立明確理財目標，最好能以數字衡量，計算自己每月除去必要的生活開支外，還剩餘多少錢，有多少錢可以存下，有多少可以用於投資，選擇什麼樣的投資工具，以及達到目標所需的時間。第一個目標，最好不要定得太高，所需時間在2-3年左右為宜。具體投資工具的選擇可以諮詢相關的理財師。

再次，理性投資。如何做到理性，最好是讓專業的理財師來幫助你。因為理財師的工作就是理財，他能全心地投入到理財中，並且擁有豐富的資源和經驗，可以保證你的投資理性可靠，產生真實有效的收益。當然，前提是要找到一位值得信賴的理財師。

5. 保險。保險是任何時候都需要的，它是生活最穩定最可靠的保障。根據白領們的實際情況，除去公司包辦的社會保險外，還應購買人壽保險與意外傷害保險。

6. 投資績優股票或基金。基金宜採取定期定額定投方式。集中投資，注重長期收益，不宜過度頻繁地更換理財品種。仔細分析對比各種理財產品，挑選對自己最適宜的方式，實現財富的跨越式增長。

第二篇

會投資，錢包才能越來越鼓

第三章 走向科學理財的第一步——保險

保險離我們有多遠

很多人可能還記得，1986年美國太空梭「挑戰者」號升空後6秒就爆炸分解了，太空梭上的7位太空人全部罹難。但你是否知道在「挑戰者」號升空之前，有一家美國保險公司曾向7位太空人送出7份人壽保單，只要他們簽上名字就能生效。其中只有一位女太空人簽字了，另外6人都認為太空梭系統很可靠，他們不需要保險，保險公司不過是在利用他們做廣告而已，所以拒絕簽字。其結果可想而知。

俗話說，天有不測風雲。當我們面對SARS肆虐、印尼海嘯、921地震、金融危機等天災人禍時，是什麼才能保障我們的財產不受損失？是什麼能夠對生命健康出現意外時提供保障？又是什麼能夠降低投資風險，給予收益保障呢？

答案只有一個——保險。

保險是保險公司向客戶收取保險費，並承諾當特定的事件或損失發生時，保險公司負責賠償或給付保險金的商業行為。保險的社會意義在於，集中大多數人的同類風險，再將少數人的風險損失分攤到所有購買保險的人身上，從而體現出「人人為我，我為人人」的社會關懷。

保險業自從誕生以來，就為投保人提供了一份生命、財產、收益的保障。目前，在歐美日等發達國家和地區，人均投保率已經超過了100%。

我們耳畔經常會聽到這樣的聲音：我對保險不感興趣，我身體很好不需要保險，我要還房貸沒錢買保險……為什麼保險與一般人有如此遙遠的「距離」呢？

與西方國家保險業100多年的發展歷史相比，亞洲保險業的飛速發展不過是近幾十年的事情，而保險又是一種十分複雜的金融產品，瞭解並接受這樣的產品的確需要一個過程。但如果我們把複雜的保險概念簡化為：一杯飲料幾十塊，一包香菸幾十塊錢，一杯咖啡上百元；用幾杯飲料、幾杯咖啡的錢，就可以讓我們擁有一份意外風險的保障，而每天一包香菸的錢則可以讓我們擁有更加全面的保障。這樣直觀的思考，是否讓你開始會對保險有所心動呢？

事實上，保險對每個家庭都是必不可少的。但由於以下幾個方面的原因，使很多人對保險產生了不正確的認識：

1. 保險公司良莠不齊，一些公司缺乏誠信，嚴重影響了投保人對整個保險行業的信心。

2. 早期保險從業人員的準入門檻較低，整體素質不高。保險產品是承保到履保相結合的過程，它們之間的關鍵就是保險業務員。如果業務員的素質不高，責任心不強，在維護客戶利益方面不用心，很容易使承保與履保之間的橋樑關鍵斷裂。

3. 很多人對保險還不是很瞭解，特別是對充滿專業術語的保險合約看不明白，因而容易產生理解上的偏差。當理賠發生時，曾經的理解與理賠的現實發生差距後，也會對保險產生不良印象。

4. 投保人要有一定的經濟基礎，如果還未擺脫溫飽，也就談不上要對其他的東西有所保障了。

為什麼需要買保險

還記得戀愛時說過的話嗎？「我會照顧你一輩子！」請問你用什麼照顧她一輩子？調查統計表明，現在男性的平均壽命比女性短5至8年，剩餘的時光你讓她如何還能衣食無憂？

當孩子慢慢長大，你對他說：「我一定讓你上最好的大學！」請問你憑什麼許下這個諾言？義務教育還遠未覆蓋到大學階段，而四年大學教育費用高達數十萬或上百萬元，到時候你拿什麼支付高昂的學費和生活費？

撇開這些「遙遠」的事情不說，即使是在平時的日常生活中，我們誰也無法保證自己不遭遇意外事故或患上重大疾病，人的一生會面臨很多的變故和風險，而保險正是我們轉嫁風險的最好工具，使我們在發生意外事故時，不至於陷入嚴重的財務危機。

那麼，在我們的一生當中，到底需要防範哪些風險呢？

1 不幸英年早逝

也許你還很年輕，自認為身體還不錯，「英年早逝」只是別人的事情，與自己無關。然而，這個問題已經不止一次地給我們敲響了警鐘。特別是近年來「過勞死」在知識分子中頻繁出現，使得我們不得不認真考慮是否該從保險的角度來考慮對家人的保障。

一個人風華正茂的時候突然死亡，除了給家人帶來感情上的沉重打擊外，還會使他們遭遇嚴重的經濟危機。如果有足夠的財產可以解決妻兒、父母未來的生活，當然很好。但作為普通人，大都缺乏這樣的經濟實力。這個時候，如果能有一筆保險金來解決家人以後的生活問題，就顯得彌足珍貴。從另一個角度來看，這也是個人對家庭負責任的表現。

2 突發意外事故

意外是我們生活中無法預料，也很難避免的事情，它常常會讓我們措手不及。作為個人，特別是普通工薪階層，往往很難彌補意外事故給家庭帶來的沉重打擊。它也許會造成高額的醫療費用，也許會造成終身殘疾，失去生活能力，更嚴重的可能是死亡。

3 高昂醫療費用

人們現在最擔心的問題之一，就是看病吃藥，住一次醫院可能就花去幾年的儲蓄。醫療費用越來越像一座大山一樣壓得人喘不過氣來。所以我們必須提早考慮如何對醫療費用損失進行補償，如何對重大疾病的醫療費用提供保障。

4 孩子教育費用

望子成龍是所有家庭的共同願望，教育開支也因此成了每一個普通家庭無法迴避的難題之一。教育保險也許不能給我們帶來太大的收益，但透過這種方式，可以強制我們進行儲蓄，積少成多，早做準備。同時，它還可以使孩子在家庭主要成員遭遇意外時，獲得接受教育的保障。

5 退休生活開支

有的人想活得久一些，但也有人怕活得久，因為生活開支是個很大的問題。醫療水平的提高，生活水平的改善，使人的平均壽命不斷增加，但隨之而來的就是嚴峻的養老問題。也許我們享有單位的社會養老保險，但這僅僅解決最低生活保障。

你希望晚年生活水平突然下降嗎？你想靠借債來過日子嗎？你當然不想這樣！也許你認為可以靠子女來贍養，但想想現在你是怎樣孝敬父母的，你能保證每月給父母一萬元孝親費或更多的錢嗎？你很難做到這一點，因為你的家庭開銷也很重。所以，我們唯一靠得住的只有自己，透過保險和其他的理財方式，來規劃安排自己的晚年生活。

除上面所說的幾種風險外，生活中還有很多其他無法預料的風險。

在理財專家看來，未來有財務缺口的家庭，都應該購買商業保險。財務缺口主要從以下幾方面計算：生活費用＋住房費用＋父母贍養費＋子女教育費＋醫療費用＋養老費用＋其他費用。簡單地說，就是維持你目前的生活水平，以及維持你的家庭在未來不至於降低生活水準的總需求。每個人在青年和中年階段都會存在財務缺口，這就需要透過保險來彌補，以保障你遭遇變故或傷殘時，你和家人仍然可以衣食無憂。

應該怎樣購買保險

如果你決定為自己和家人購買保險，那麼你到底應該怎樣購買呢？下面我們就簡單為你介紹幾條買保險的經驗。

1 按需定製

「按需定製」是保險規劃師要告訴你的第一個概念。因為每個人的財務情況和家庭構成不同，保險規劃師的責任就是對你的風險和責任做出正確的評估，並且在產品庫裡面給你搭配、設計一套適合你的險種組合。而且，他以後每年都會對你的財務狀況作出評估，提出調整或者加保建議。

當然，這些服務都是免費的。

2 越早越好

越早購買，你就越早地獲得保障，把你的風險交給保險公司來承擔。而且，早買保險可以早獲得優惠的費率，還可以免體檢。現在工作壓力大，很多人的身體都處於亞健康狀態，30歲左右是賺錢的好時光，也是買保險的好時機。否則等年齡大了，不但費率高了很多，還可能因為健康不佳，被保險公司提高保費甚至拒保。

3 輕費率，重條款

不同保險公司的產品差別很大，主要不在於費率，而在於條款。好比各家銀行存款利率沒有明顯差別一樣，保險公司對各種保險的費率也有嚴格的規定。什麼情況下保險公司免責，購買者一定要看清楚。類似的保單，多者十幾條，少者兩三條。例如：戰爭、暴亂、核汙染、自殺在大多數保險公司都是不賠的，但也有的公司賠付。所以建議你買保險的時候，不要買人情單，要貨比三家。

4 購買小保單

對於已經有社會統籌保障的人，保費佔年收入的5％－10％比較適宜，並要兼顧家庭所處的不同階段，以及職業穩定性和收入增長潛力等因素。有些人知道了保險的重要性以後，喜歡購買高額保單，對此應該慎重。保險不是買的越多越貴就越好，而是要力求均勻覆蓋所有風險。每家保險公司各有側重，重點產品也不盡相同。有的公司擅長人壽險，有的公司擅長健康險，應該分別購買。一份大保單不如若於小保單，分別覆蓋終身壽險、大病醫療和人身意外。

另外，買小保單還有一個取巧之處。因為保險是一個長期計劃，購買後退保會損失很多。而一個人的經濟收入可能有起落，今後收入提升可以選擇加保或新買保單，萬一收入降低，小保單繳費低也不會有壓力。而且，將一張大額保單拆分為幾張小額保單，在支付能力下降時，可以選擇其中某張保單退保，而不致放棄整個保障計劃，從而在總費用不變的前提下，增大了財務安全規劃的靈活性和流動性。

5 先求保障，再求收益

在保險實際操作中，許多公司推出綜合理財產品，兼顧了保障、儲蓄和投資功能，其實這類保險是保障產品與投資產品的組合。理論上講，保險主要解決保障問題，在承擔風險的前提下追求收益是證券擅長的領域。保險本質上解決的是財務安全問題，而非收益問題。

不同的人生階段，不同的保險規劃

人生風雨路，會面臨許多不同的風險。保險為我們的生活增添了一個重要保障。有一個合理的保險規劃，能讓我們的保障更加堅固和實用。所以，在選擇購買保險的品種時，要根據我們不同的人生階段，做出不同的保險規劃。

1 無憂童年

健康險＋少兒險＋醫療險

可愛的寶貝出生，嬌弱金貴，捧在手裡怕摔了，含在嘴裡怕化了，是全家的重點保護物件。

嬰幼兒的免疫力低，對疾病的抵抗力差。一不小心，就很容易生病，上醫院是很慣常的事情。父母應該給寶貝一個健康的保障，為孩子準備一份健康險和醫療險非常有必要。

另外，隨著生活水平的不斷提高，孩子的教育費用也在不斷上升，你不得不預先考慮孩子將來的教育費用問題。要想為孩子提前準備一筆教育資金，儲蓄型的少兒險是個不錯的選擇，這種保險可以緩解未來孩子的教育支出壓力。

2 上學時光

教育儲蓄險＋醫療險＋意外險

孩子開始上學後，教育費用會逐年升高，並且這一階段的家庭收支都趨於穩定和處於高峰期。而且在孩子年紀尚小時購買保險的話，保費會比較便宜，所以此時家長應為孩子購買教育儲蓄險。在為孩子的教育提供可靠保障的同時，也能讓孩子在成長過程中養成良好的儲蓄習慣。此外，由於孩子處於成長發育階段，精力旺盛，活潑好動，容易發生意外，可以再附加購買一份意外險和醫療險。

3 初入社會

意外險＋醫療險

完成學業踏入社會後，父母的責任就宣告結束了，你必須獨立自主地為了生存和未來而奮鬥。這個時期的你還沒成家，沒有太大的家庭經濟壓力，但職業規劃尚未明確，收入也很不穩定，未來肩負的責任很重大。此時的風險主要來自疾病和意外傷害，可以購買「低保費高保障」的意外保險和醫療保險，為自己的將來購買一份保障。

4 單身貴族

養老險＋終身壽險＋意外險＋醫療險＋投資分紅險

經歷了一段時間的歷練，你的事業應該已有小成，也積累了一定的經濟基礎，是厚積薄發的時候了。當你滿懷信心地去實現自己的人生抱負時，需要對未來的人生道路進行認真規劃。此時的目光要放得長遠，保險規劃也要以長遠為主，養老保險和終身壽險就是為長遠做打算的保險品種，這是讓自己安享晚年的一種保障。當然一定的意外險和健康醫療險也是必不可少的。

另外，不久之後你將會組建自己的小家庭，到時候，買房、買車成了頭等大事，需要大量的資金，所以，適當的投資分紅險也應當列入你的理財計劃中，加快財富的積累。

5 成家立業

壽險＋醫療險＋意外險＋養老險＋投資分紅險

成家立業是人生的一大轉折，對保險的需求會與以前有所不同。你要考慮的不只是自己，還要為全家著想。夫妻雙方都應從家庭的整體出發來考慮風險，任何一方患上疾病或遭遇意外，都會對整個家庭造成極大的影響。在選擇保險時，首先要考慮的是保險保障性的高低。壽險是一種保障性很高的險種，適於在此時投保；醫療險、意外險同樣也是必需的；如果你的經濟條件比較寬裕的話，還可以購買養老險，早作規劃早安心。當然，別忘了再購買一些投資分紅類的險種，進一步加快財富的積累。

6 老之將至

養老保險＋終身壽險＋醫療險

當你韶華漸逝、老之將至的時候，無論是身體狀況還是經濟收入都將逐漸衰退。此時，你首要考慮的就是自己的養老問題。子女們都已長大成人，有了獨立的經濟能力，對孩子的負擔已經很少，家庭的負擔也相對較輕。這個階段的你，要重點考慮購買養老保險、還本型終身壽險等保險，以保證有充分穩定的資金安享晚年生活。年老了，就體弱多病，所以健康醫療險也是重點。

養老保險：讓你的晚年更保險

隨著醫學技術的發展以及生活水平的提高，人的平均壽命越來越長，人口老齡化也越來越嚴重，老年人口的社會保障制度也隨之不斷推陳出新，各種養老保險也隨之出現。

養老保險的目的就是為了養老，讓你在年老體衰，喪失勞動能力之後，還能有一個穩定可靠的經濟來源，為老年生活提供一個可靠保障。

目前養老保險主要有三個層次：基本養老保險、勞保和勞退。基本養老保險即俗稱的退休金，屬社會保險，個人儲蓄性養老保險則屬商業保險。社會保險是最基礎的保險，是政府和企業為每個公民提供的一種養老保障。而商業保險則由人們自願選擇購買，它彌補了社會保險的一些缺陷和不足，使養老保險更加完善和健全。

目前市場上絕大部分的商業養老產品，都是有繳費期限的年金保險，按期交付保險費，一直達到規定年限後，投保人才能開始領取養老金。如果投保人在規定年限之前死亡，保險公司將退還所交保險費，或按規定給付保險金。

選擇商業養老保險，要考慮的因素很多，比如收益率，領取年限、領取額度等，有時還要考慮保險公司的資金運作水平、社會投資狀況等因素。對於不同的投保人來說，並非終身的就一定比定期的划算，不一定領取20年就比領取10年的好。面對眾多產品及其不同政策，選擇起來的確要花點心思。

養老保險是晚年生活的重要保障，可以讓我們在安度晚年時無後顧之憂。養老金是一筆穩定增長的現金，這筆錢會一直持續到我們生命的盡頭為止。那麼，如何選擇和購買商業養老保險，才能讓你的晚年更保險呢？

1 傳統型養老險

預定利率：這種保險的利率是確定的，一般在2％－2.5％之間。

優點：回報固定，何時開始領取，以及領取的金額，在投保時就可明確預知。

缺點：易受通貨膨脹影響，存在貶值風險。通貨膨脹率越高，保單貶值就越厲害。如果提前退保的話，則要繳納高額的退保手續費。

適用物件：這種保險適合理財比較保守、年齡較大、不願承擔風險的人群。

2 分紅型養老險

預定利率：1.5％—2％的保底利率，每年還有不確定的紅利。

優勢：收益與保險公司經營業績「同甘共苦」，可一定程度避免通貨膨脹帶來的損失，使養老金相對保值、增值。

劣勢：分紅不穩定不固定，視保險公司的經營好壞而定。

適用物件：理財較保守，不願承擔風險，比較感性，容易衝動消費的人群。

3 萬能型壽險

預定利率：包括保底利率和浮動利率，利率總水平通常在1.75%－2.5%之間。

優勢：保額靈活，繳費靈活，存取自由；利率有保底，上不封頂，每月調整結算利率。

劣勢：保底利率較低，浮動利率受保險公司經營業績影響很大。

適用物件：理財較理性，能堅持長期投資的人群。

4 投資連結險

又稱「基金的基金」，作為一種長期投資手段，不同的風險類型設有不同的帳戶，與投資品種的收益相聯繫。沒有保底收益，自負盈虧，保險公司只收取帳戶管理費。

優點：投資保障兩不誤，以投資為重，保障為輔。可選擇不同的投資品種，在不同帳戶之間靈活轉換，只要堅持長線投資，就可能獲得高收益。

缺點：所有保險產品中投資風險最高的一種，如果不理智，受不了暫時的短期波動而盲目跟風調整，很可能遭受重大損失。

適用物件：年紀較輕，經得起風險，能堅持長期投資的人群。

綜上所述，無論哪一種養老保險都有它的優缺點，沒有最好的，只有最合適的。我們在選擇的時候，一定要結合自身的實際情況，為自己規劃一份最合適的養老保險。

醫療保險：你的疾病不只有自己買單

俗話說「吃五穀雜糧，哪有不生病的」，我們每個人都免不了要受到疾病的侵擾。如果是小病小災，隨便花點小錢，吃點藥就OK了事；但假如不幸得了大病或是需要長期治療的某種疾病，你不僅要承受身體上的疼痛，你的家人也要遭受精神上和經濟上的壓力，甚至會影響到正常的家庭生活。疾病纏身的你非常需要一份可靠穩定的經濟保障，而醫療保險就能在此時為你提供這種保障。

總體來看，醫療保險可分為全民健康保險和商業醫療保險。眾所周知，全民健康保險只是基礎的醫療保障，它是從社會的角度出發，不是以個體的需求為重點，存在不少缺陷，無法滿足所有個體的保障需求。所以，要想靠醫療保險來為自己的疾病買單，除了全民健康保險外，還需要商業醫療保險來承擔一部分保障功能。

醫療保險品種很多，從保障的範圍來看，一般有三種類型：重大疾病保險、醫療報銷型保險、醫療補貼型保險。其中，重大疾病保險主要是為受保人罹患重大疾病時提供保障，醫療報銷型保險提供的保障主要是醫療費用的報銷，醫療補貼型保險提供的則是一些諸如住院費、營養及藥品費等的補償。

在所繳保費相差不多的情況下，當然是保障範圍越廣的險種越好。如果你有了勞保跟健保，那麼再購買一份重大疾病和津貼型的商業醫療保險，組合使用效果更佳。商業醫療保險規定，如果受保人不幸患上某種重大疾病，不僅可以一次性得到相應手術費的賠付，還會得到每天的住院費用津貼，而這部分費用是全民健康保險所沒有的。

那麼，我們應該如何為自己購買商業醫療保險呢？

首先，明白自身所需。

各家保險公司的產品和費率都是經過國家批准的，險種之間的區別主要在保障範圍、保障項目和保障程度上。因此，選擇醫療保險時，首先要明白自身的需要，弄清楚自己可能面臨的風險，是生病住院的可能性大，還是因意外住院的可能性大些，然後再去選擇匹配的險種來保障，不要盲目投保。在經濟條件允許的情況下，同時投保重大疾病與意外醫療當然更好。同時，要對相關的保險條款進行認真研究，並不是所有的疾病都在醫療保險的保障範圍內，比如耳聾、失明等先天疾病就不在醫療保險的保障之列。

其次，「合適的才是最好的」。

各個險種各有千秋，都有自己的目標群體，比如重大疾病保險的針對群體主要就是中青年客戶。險種本身沒有好壞之分，只存在適合與否。因此，險種的選擇至關重要，如果你對相關保險知識缺乏足夠的瞭解，可以向保險公司客服人員進行諮詢，也可以徵求保險經紀人的建議。

再次，注意保險金的給付方式。

保險金的給付方式直接關係到受保人的切身利益，千萬不能馬虎。通常的給付方式有兩種：核銷式和定額式。核銷式給付有一個自負額，自負額保險公司不予核銷，只核銷自負額以外的部分，並且是按一定比例核銷。定額式給付是指在合約簽訂時擬定對某一種疾病或手術給付的保險金，一旦明確診斷結果，就給付約定的保險金。定額式給付的醫療保險，保障程度大，但費率較高。

財產保險：為家庭豎起一把保護傘

家是棲息的港灣，家裡的一磚一瓦，一桌一椅都是你為之奮鬥的見證。在你享受著這些財產為你帶來愉悅的同時，是否想過，當某一天，突來的盜竊、天災或意外奪去這些財產的時候，你怎麼辦？怨天尤人還是自認倒霉？這些「飛來橫禍」你無法預測，但透過財產保險，你卻可以獲得補償。這就是家庭財產保險的意義所在，它是你家庭財產的安全保障。

但家庭財產不止一件，不可能每一件都買保險。究竟怎麼選擇呢？

1 家庭財產險，首選保障型。

保障型家財險是針對自然災害或意外事故等造成的損失而設的，保障期一年。其最大特點是保費低廉，只需幾千元左右。

2 財產估算要準確，超額投保不可取。

保險公司定損時，是按你實際的財產價值來確定的，如果你超額投保，多出來的部分，保險公司是不予理會的，由此多交的保費也是白白浪費。所以在位家庭財產投保時，一定要正確地估算其價值，超額投保划不來。

3 賠償特點、風險特點，瞭然於心。

在你決定為你的某種家庭財產設保的時候，先把有關此類財產的賠償特點及其風險特點瞭解清楚。仔細思量為這份財產設保是否值當，有必要的話再去購買。

4 「三圍」記心中，保險不糊塗。

（1）承保範圍

必須是有形的財產，包括可保財產和特保財產。可保財產主要包括自住房屋及其附屬物、室內裝修裝飾，以及室內財產。特保財產包括：工廠的廠房，機具，設備，原物料等；商店置於室內的商品、工具、原材料及營業器具；與他人共有的財產或代他人保管的財產；與保險公司特別約定才能投保的財產。

（2）投保人範圍

投保人與投保財產之間必須存在一定的利益關係。在此前提下，才可為其投保。比如租住別人房子的租客，對租住的房子就不具備保險利益，因而租屋房客不能作為投保人對所租房子投保家財險，但可以投保居家責任險。

（3）賠償範圍

一般的家財險賠償範圍只包括因火災、雪災、雷擊、爆炸等自然災害引起的地陷或下沉，外界物體倒塌，空中運行物體墜落，室內的保險財產遭受盜竊、搶劫等。但是，對由於使用不當造成的財產損失，以及地震、海嘯、戰爭等造成的財產損失都不在賠償範圍內須另行投保。

教育保險：儲蓄、保障兩不誤

孩子成長過程中最重要的問題就是教育。當孩子出生以後，孩子的教育就被提上了家庭的議事日程，孩子的教育支出，也就成了家庭理財必須考慮的內容之一。

教育保險又稱子女教育保險、教育金保險，旨在為子女儲備教育基金。孩子出生滿28天後，一直到17歲，你都可以為他購買教育保險。投保人每年必須存入一定的金額，達到規定的期限後，即可領取保險金用於孩子的教育。教育保險同時兼備保障和強制儲蓄的功能。

現在的教育保險主要有三種：一是純粹的教育金保險，提供中學和大學期間的教育費用，通常以附加險的形式出現。二是可固定返還的保險，返還的保險金不僅可以作為教育費用，還可以作為畢業以後的生活資金。三是理財型保險，具有較強的投資理財功能，同時也有教育金的儲備功能。如萬能保險、投資連線保險等。

教育保險的最大優點是儲蓄、保障兼備。但由於教育保險是以儲備教育資金為主，其保障功能相對較弱。不過，如果投保人因患重大疾病或遭意外身故，導致傷殘或死亡，無法為孩子的教育保險續費，則保險公司會豁免投保人以後應交的保險費，而保單原來規定享有的權益不變，仍然能給孩子提供以後受教育的費用。教育保險的缺點是，短期內不能提前支取，資產流動性差，提前退保，本金會受到損失。

家有兒女初長成，有誰不望子成龍，不希望自己的兒女將來有出息？只要是事關孩子教育的需求，家長們都竭盡全力滿足，只要是有利於孩子成長的教育支出，花再多的錢，都心甘情願。有孩子的家庭，全家的重心幾乎都放在了孩子的教育上。隨著教育水平的不斷提高，以及孩子年級的不斷升高，所需的教育費用也會越來越多，很多家庭都要為此承受不小的經濟壓力。教育保險正是為了減輕這些家庭未來的經濟壓力而做的提前安排。

那麼，我們應該怎樣為孩子購買教育保險呢？

一、越早越好

教育保險金是依據孩子不同的年齡段來提供的。所以孩子年齡越小，投保越合適。如果等到孩子10歲以後才購買，可能會有比較大的繳費壓力。

二、合適就好

根據家庭的收支情況和將來所需的教育費用，在保證能正常續費的情況下，為孩子選擇合適的就行，沒必要買太多，以免造成家庭經濟壓力太大，無法承受。

三、組合購買

購買教育保險時，要綜合考慮到孩子的年齡、學齡、家庭的收支情況以及潛在的風險等多方面因素。在教育保險之外，可以再增添一些附加險，比如醫療險、意外險等。透過組合的方式，為孩子做一個全面的教育金規劃。例如，可以在孩子小學四年級前購買教育保險，等到四年級以後，再增添教育儲蓄，使孩子的教育得到更全面的保障。

四、選對公司

孩子教育是一件需要持續時間很長的事情，因此教育保險的繳費時間也將是漫長的。只有選擇誠信可靠、實力強大的公司，才能打好這場「持久戰」。

對於每個家庭來說，孩子的教育都是頭等大事，必須加以重視。如果你不想讓孩子將來的教育費用給自己增添煩惱，那就從現在開始，為他購買教育保險吧！

意外險要學會「挑三揀四」

「天有不測風雲，人有旦夕禍福」，世事無常，誰都無法提前預知。所謂意外，就是意料之外，無法預測的事。人的一生從出生到死亡，會遇到很多「意外」事件。所以，我們有必要為自己和家人增添一份意外保障——購買意外保險。

意外保險又稱意外險或意外傷害保險，投保人購買意外險時，必須先向保險公司繳納一定金額的保費，當被保險人在保險期限內遭受意外傷害，並以此為直接原因造成死亡或殘廢時，保險公司將會按照合約的約定向保險人或受益人支付一定數量保險金。

意外險主要有三大類：交通意外險、旅遊意外險、綜合意外險。保險期分為固定期限和自選期限。自選期限投保時比較靈活，不少保險公司可保從1天到365天的多種時段。意外險的保額、保費也有很多檔次，有的一百多元就可以購買，有的卻要五六千才能買到。面對各種各樣的意外保險，我們該如何選擇呢？對意外險，我們要學會「挑三揀四」。具體來說，就是從「穩、全、省」三個方面來進行選擇。

一、「穩」

「穩」，就是要保證意外險的有效性和可靠性。職業風險等級的高低，是決定風險級別的重要因素，職業等級越高，風險越大，需要的保險利益就越大，保費支出也就越多。對於那些高危職業，很多保險公司甚至不予承保。雖然有些保險公司對意外險沒有職業等級限制，但涉及理賠時，他們也會拒賠某些保險利益。

醫療保險的有無也是影響意外險保費高低的一個因素。因為有了醫療保險，有些賠償已由醫療保險支付，意外險也就不用再賠付這部分損失，因而意外險的定價會相應降低。

購買意外險之前，一定要結合自身職業特點和需求，以及其他已有的保險品種，搞清楚相關保障範圍，確保意外險的有效性。

二、「全」

意外險保障的利益主要有兩方面：意外傷害賠償和意外醫療補償。意外傷害賠償，就是由於意外事故導致死亡或殘疾時，保險公司向投保人支付一定額度的保險金，從幾十萬到幾百萬不等。意外醫療補償，是指保險公司對由於意外事故導致的搶救治療費用提供的經濟補償，保險額一般為幾千或幾萬元。有些保險公司的意外醫療保險還包括手術、住院津貼等。

某貿易公司的業務經理王先生，有一次因公出差，在高速公路上發生了車禍，一條腿截肢，導致終身殘疾。由於他購買了保額為30萬元的意外傷害保險，因而事故發生後，保險公司按約定賠償了他30萬元，但這次事故花費的幾十萬元醫療費卻不予賠償，原因就是他沒有購買意外醫療保險。

所以，在購買意外險時，一定要同時購買意外傷害保險和意外醫療保險。如果同時購買不同公司的意外保險產品，也是不衝突的，你可以重複購買數家公司的產品，而且都能得到賠償。如果要想擁有一份全面完善的意外險保障，就要充分瞭解各種意外險的特性及其約束條件，這樣才能使自己得到更好更全面的意外保障。

三、「省」

「省」當然就是「省錢」了。在不減少保險覆蓋範圍的前提下，要想節省保費支出，可以根據保險條款裡的免賠額、免賠天數、賠付比例、賠付額度、賠付次數等影響保費高低的各種因素，來綜合計算考慮，從而制定出一套經濟合理的意外險規劃。

「挑三揀四」過後，選擇一份適合自己的意外保險，才能使自己在將來突然遭遇「不測風雲」和「飛來橫禍」時，不至於不知所措。

五步幫你搞定人壽保險

俗話說「不怕一萬，就怕萬一」。危險隨時可能在我們身上發生，對於活著的每個人來說，死亡是最可怕的危險。人壽保險正是為此而存在。

人壽保險是一種以人的生命為保險物件的保險產品，它最初是用來應對突然死亡給家庭造成的經濟負擔。後來，又增加了儲蓄的功能，對於在保險期滿時仍然健在的人，保險公司仍給付受保人保險金。

個人壽險不僅能為你的生命提供保障，同時還能為你儲蓄理財，積累財富。

壽險事關生命大事，一份合理的人壽保險規劃可以使你和家人的生活更加輕鬆無憂。因此，在購買人壽保險時，我們一定要學會如何進行選擇。

一、慎選保險公司和保險代理人

我們把事關自己生命的保障交給保險公司，讓保險公司來承擔這項長期而艱鉅的任務，千萬不可以掉以輕心，保險公司的實力和保險代理人的服務非常重要。

保險公司的實力包括經濟實力、運營管理、理賠服務、信譽口碑等，對於這些基本情況，在購買前一定要先瞭解清楚。要選就選那些經營穩健、管理嚴格、信譽度高、償付能力強、透明度高、財務評級高的保險公司，而且，其服務的範圍最好能覆蓋全球。因為現代社會變化太快，我們的生活一直都處在變化之中，說不定你哪天就出國了，因而選擇全球服務的保險公司更有利於今後的保障。

有了好公司還要有個好的保險代理人。醫生呵護你身體的健康，保險代理人則為你規劃管理你的保險。好的醫生能治好病，好的保險代理人才能值得你信賴。

然而「知人知面不知心」，我們應該如何選擇保險代理人呢？

首先，看人品。做人要誠實，不昧良心誤導客戶，給你辦事就像是給自己辦事一樣。

其次，看「證」。「保險從業人員相關證照」、「身份證」、「名片」要齊全，並按照名片上的電話，打給他所在的保險公司，確認其身份。

最後，看專業能力。看他是否能結合你的具體情況，為你量身打造保險產品。

二、保險條款要看清

購買人壽保險時，一定要搞清保險責任條款和免責條款，尤其是「保什麼」和「不保什麼」。遇到不懂的保險專業名詞，最好親自上網查詢或藉助專業書籍，不能只聽保險代理人的「一面之詞」。如果不明不白地胡亂購買，以後引起糾紛，就後悔莫及了。對於保險合約中的免責條款，一定要讓保險代理人解釋清楚，例如很多保險公司對溺水、跌倒造成的意外傷害或死亡，是不予賠償的。

三、保費保額要算清

需要多少的保險金，需要繳納多少保險費，要充分考慮到家庭的實際需要和自己的負擔能力。正常情況下，將保費總支出控制在家庭收入的15%以內比較合適，收入高的家庭可適當提高比例。只有將保費控制在一個合理的範圍內，才不至於影響到家庭生活的正常開支，不會給自己帶來太大的經濟壓力，以後的續交保費也不會受到影響，這樣才能真正實現保障的目的。

四、如實告知

一般保險法都有規定：訂立保險合約，保險人應當向投保人說明保險合約的條款內容，並可以就保險標的或者被保險人的有關情況提出詢問，投保人應當如實告知。投保人故意隱瞞事實，不履行如實告知義務的，或者因過失未履行如實告知義務的，足以影響保險人決定是否同意承保或者提高保險費率的，保險人有權解釋保險合約。

投保人因過失未履行如實告知義務，對保險事故的發生有嚴重影響的，保險人對於保險合約解除前發生的保險事故，不承擔賠償或者給付保險金的責任，但可以退還保險費。投保人故意不履行如實告知義務的，保險人對於保險合約解除前發生的保險事故，不承擔賠償或者給付保險金的責任，並且不退還保險費。例如，張先生在一次體檢時發現自己已患上肝癌，而且癌細胞已經擴散，於是他馬上向保險公司購買了醫療保險和人壽保險。幾個月以後，張先生不幸去世。保險公司在查明情況後，不僅拒付醫療費和死亡賠償金，而且對此前已經交納的保險費也不予退還。

五、保單要親筆簽名

保險法明文規定：保險代理人不能代客戶在保單上簽名。投保人在購買保險時，凡涉及到簽字的地方，都必須由投保人親筆簽名。如果是代理人代簽的名，保險合約就屬無效，賠償也就無從談起。

警惕保險推銷員的推銷陷阱

在日常生活中，很多人對保險推銷員有一種天生的「敵對」情緒，喜歡用鄙夷或憤懣的語氣稱他們為「賣保險的」。為什麼人們會對保險推銷員產生如此不良的印象呢？原因就在於，保險推銷員在推銷保險產品時，往往會在利益的驅使下，設下一些「陷阱」，忽悠或欺騙顧客，讓顧客糊塗地購買一些不合時宜或多餘的保險，以致掉進「陷阱」的人們怨聲載道，後悔不已。這樣的事情見得多了，人們對保險推銷員自然就不會有什麼好印象了。

如果你不想掉進這些推銷陷阱，就要先瞭解這些陷阱，這樣才能見招拆招，避開陷阱。

第一招：「講座」、「聯誼會」、「答謝會」，迷魂陣中玄機多

不少保險代理機構或代理人常常打著向客戶講解金融、保險知識的名義，透過開座談會、答謝會、聯誼會、產品說明會的方式，推銷他們的產品，促成與會者簽單，購買保險。

拆招：

1. 參加此類會議之前，要先打電話到保險公司諮詢，確認是否確有其事。因為相關部門有明文規定：不得以行銷服務或者推銷員名義召開保險產品說明會。

2. 當被要求在書面上簽名時，要先仔細閱讀所簽材料內容，確認沒問題後再簽字。

3. 參加會議的時候不要隨意提供身份證、銀行帳號等證件資料，更不要輕易留下投保所需的身份證影印件。

第二招：「盜版」保單，坑害投保人

這種欺騙手段針對的通常是一些賠付率較低的短期意外傷害保險，因為保費低，很少有人注意辨別真偽，而投保者通常也不會出什麼事，由此就滋生了不少黑心仲介，專門兜售假保單。常見的假保單有航空意外險、旅遊險等。

拆招：

1. 在中介機構購買短期意外傷害保險時，要留意其是否持有《保險兼業代理業務許可證》，一般合法的保險代理機構營業場所都會懸掛此證。

2. 辨別承保機構的合法性。可以登入金管會網站，查詢該機構是否是經保險局批准設立的合法機構。

3.查驗短期意外傷害保險保單的真偽，可撥打保單上印製的客服電話諮詢，或登入保險公司網站輸入保單資訊，查驗真偽。

第三招：存款變保險，進退兩難

一些推銷員會謊稱某種保險是銀行的理財產品，利用消費者對銀行的信賴，誤導消費者購買。他們不會說這是保險，只會反覆強調這是理財產品，使得很多人就誤以為是銀行推出的銀保產品。其實大多數銀保產品保障單一，只有受保人死亡時才可獲得賠償。而且購買後若想中途退保，就要承受很大損失，最終導致退也不是，不退也不是，陷入進退兩難的境地。

拆招：

簽字之前，一定要認真閱讀有關條文，要學會辨別真偽，不要盲目簽字。

第四招：避責條款，理賠躲貓貓

保險公司提供的合約一般是格式合約，投保者購買保險簽訂合約時，只能接受保險公司已經擬定的各項條款，否則無法購買保險。相對來說，保險公司就成了強勢一方，他們往往會利用這一優勢地位，擬定一些逃避責任的條款，減輕自身理賠責任，加重投保者的義務。

拆招：

用法律武器來應對。《保險法》規定：訂立保險合約，採用保險人提供的格式條款，保險人向投保人提供的投保單應當附上格式條款，保險人應當向投保人說明合約的內容。對保險合約中免除保險人責任的條款，保險人在訂立合約時應當在投保單、保險單或者其他保險憑證上做出足以引起投保人注意的提示，並對該條款的內容以書面或者口頭形式向投保人作出明確說明；未作提示或者明確說明的，該條款不產生效力。

第五招：文字遊戲來助陣，歧義多多惹爭議

由於漢字的特殊性，有些詞語只要稍加技巧，同一詞語在不同的人看來就有不同的含義。保險公司往往就利用這點來玩文字遊戲，使同一份保單產生多種不同的解釋。同樣的字句，書面上的規定和投保人的理解，常常會差之毫釐，謬以千里。

拆招：

遇到有歧義的字眼時，一定要問清楚其真正的含義，使自己的權益得到明確。

第六招：利益誘惑多，瞞你沒商量

這一招經常被用在具有投資性質的保險裡。保險代理人在向客戶介紹產品時，常常會用很高的投資回報率來誘惑投保人，信誓旦旦地保證會得到多少的分紅或多高的複利，若想退保的話，也可以全款退出。買保險還能得分紅確有其事，只不過事實和宣傳相差甚遠。在投資性保險帳戶裡，一部分是保障，另一部分是投資。所以，如果你交了幾萬的保費，退保時卻只能退幾千，並不足為奇。

拆招：

保持理性，切不可利慾薰心，經不住誘惑。面對業務員宣稱的那些高收益高回報，一定要保持清醒的頭腦，仔細看清楚算明白。

在競爭激烈的商業社會，保險推銷員有使不完的招數來推銷自己的產品，各種陷阱讓人防不勝防。但我們也不能因此因噎廢食，放棄保險。對於那些招數和陷阱，我們無法控制，唯有從自身出發，提高自己對保險知識的認識和瞭解，以理性務實冷靜認真的態度來對待，以不變應萬變，那些陷阱自然就會不攻自破。

第四章 普通家庭的最大定心丸——儲蓄

沒有存款，你的生活會怎樣

存款是一種累積財富的行為，也是財富的象徵之一。現代社會，「月光族」、超前消費、信貸危機等詞彙已成為沒有存款的標誌性名詞。

很多人都接受了掙多少就花多少的消費觀念，並「身體力行」。認為享受當下才是享受生活，沒有存款意識，也不為將來多做考慮。那麼，存款真是可有可無嗎？

沒有存款，房子、車子何來？孩子上學怎麼辦？生病住院怎麼辦？生意虧本怎麼辦？是不是等到這些問題發生時，才會意識到存款的重要性呢？

在外商公司上班的小趙，國立大學畢業，擁有博士學位，年薪300萬元。他平時開的是BMW，穿的是名牌，經常出入高檔消費場所，引來無數人羨慕的眼光。然而小趙卻是個有名的「月光先生」。你可能會疑問，收入如此之高的他，為什麼還會成為月光族呢？

小趙是個好面子的人，他覺得自己在外商公司，實力強、待遇好、薪金高，自我感覺非常良好，認為自己算得上是位成功人士。既然是成功人士，就要學會善待自己，享受生活，享受人生，哪怕自己現在還算不上億萬富翁，也要讓自己看起來像。於是，他的吃穿住行都是高檔次高消費，根本沒有存款意識，生活過得自在瀟灑，可就在父母雙方催促他和女朋友結婚時，女朋友卻離他而去。原因很簡單，就是沒房子，「月光」觀念讓她很沒有安全感。雖然小趙賺的錢不少，可是花的錢更多，年終不但沒有存下一毛錢，還因信用卡透支，貸款買車，欠下銀行十萬多元，是一位徹徹底底的「月光先生」。幾年下來，銀行帳戶裡一毛錢都沒存，哪裡來的房子？

和小趙一樣，很多人之所以窮，並不是因為他們賺得少，而是因為他們沒有存款意識，花錢沒規劃，以致讓自己的財務出現危機，入不敷出。富有的人，往往都是懂得儲蓄財富的人。

巴卡是巴比倫最富有的人，很多人羨慕他，向他請教致富的方法。

巴卡富有之前的工作是雕刻瓷磚。有一天，一位名叫阿羅尼的富翁需要預訂一塊瓷磚，並要求在這塊瓷磚上刻上法律條文。巴卡承諾會連夜趕製，天亮即可完工，但有個附加條件——告訴他致富的祕訣。

阿羅尼同意了。到天亮時，巴卡做好了瓷磚，阿羅尼也說出了他富有的祕訣。

這個祕訣就是：在賺來的錢裡，一定要留出一部分存起來。財富的積累像樹木的生長一樣，存下的第一筆錢就是財富之樹的種子。只要你一直堅持下去，種子就一定會長成參天大樹。剛開始的時候，不管賺多少，一定要存下1／10的錢。

三年之後，阿羅尼再次光臨，他想知道巴卡是否按照他所說的那樣去做了。令阿羅尼欣喜的是，巴卡忠實地踐行了他所說的致富方法，並且最終成為了當地最富有的人。

其實，故事中巴卡和阿羅尼富有的祕訣非常簡單，那就是儲蓄。由此可見，只要一直堅持儲蓄，就可以累積起相當的財富。

目前，普通家庭，一般收入都不豐厚，消費水平卻日益提高，這就更要求我們必須有儲蓄的意識。有所積蓄，你才能保障未來生活的安穩富足。如果不想一直貧窮，一直待在負債的行列裡，那麼，請立刻行動起來，學會控制自己的慾望，杜絕揮霍浪費，在你的銀行帳戶裡存下一顆生活的「定心丸」。

銀行存款：精打細算多利息

當你下定決心要儲蓄時，面對眾多的銀行及存款方式，該怎麼選擇呢？你首先要考慮的就是銀行利息。不同的存款方式有不同的存款利率。權衡利弊，選擇更好的存款方式，以賺取更多的利息，才能讓你存儲的財富累積得更多。

利息的多少，首要的決定因素就是你的存款數額。當然存的越多，利息就越多。但是，相同數額的存款，選擇不同的存款方式，所得到的利息也大不相同。

1 指定存款

如果你擔心存款不知道何時會用到，提前領取的話，又會損失存款利息（銀行會按活期存款利率計算利息），那麼你可以選擇「指定存取」方式。這是銀行一種比較人性化的做法，儲戶可以提前支取部分存款，剩餘的部分則繼續作為定期存款。另外，把長短不一的存期巧妙地結合起來，也是一種避免利息流失的好方法。

2 階梯式存款

如果有大筆的資金，卻不想一下子把錢全都固定在一個期限內的，可以採用這種方式。比如你手頭有20萬元資金，一年內沒有什麼大的支出計劃，但是近期有可能要用到一兩萬，這時候你就可以採取階梯式定存法，選擇三種存款方式，首先是一年期定存，這部分可以存10萬元；然後是半年期定存，存7萬元；最後是3個月期定存，可以存3萬元。當需要用錢的時候，就可以從到期的款項裡支取，或者是從利息損失最小的帳戶中支取。

每種存款方式都有它的特點和不同的利率標準。儲戶應根據自己的實際情況和需要，對存款方式進行合理挑選和組合，這樣既能使用起來方便，又能實現收益的最大化。

貨比三家不如轉變思路選品種

許多家庭在面對眾多的儲蓄方式時常常拿不定主意，不知道該選哪種方式好。要想選擇合適的儲蓄方式，首先讓我們來瞭解一下現今都有哪些儲蓄方式。

通常來說，家庭儲蓄主要有以下幾種：

1 定期存款

一次存入一定金額，有固定存款期限。期限一般有3個月、6個月、1年、2年、3年、5年六種方式。現行的定期存款年利率比較低，具體標準是：3個月—1.71%，6個月—1.98%，1年—2.25%，2年—2.79%，3年—3.33%，5年—3.60%。在低利率的情況下，選擇存款期限時，宜選擇短期定期存款。如果選擇長期的話，一旦遇到利率上升，長期存款就無法享受到升高後的利率待遇。

2 活期存款

不設上限，無存期和金額限制。按季度計息，每季度的最後一個月的20日計付利息，利息併入本金。活期存款的優點是靈活度大，可以隨時存取；缺點是利率很低。對於日常生活常需的那部分資金，選擇活期存款方式比較合適。

3 零存整取

1元起存，沒有上限。存期有1年、3年、5年可供選擇，儲戶自選存款期限。每月存入固定金額續存，利息按實存金額和實存期計算，到期一次支取本金和利息。如果你在將來明確的某個時間點，要用到一定數額的資金，但現在卻無法馬上湊齊，就可選擇此種方式，逐月積累。零存整取利率一般為同期定期存款利率的60%。

了解了各種儲蓄存款方式及其優缺點後，再根據自身實際情況來選擇適合自己的存款方式，也就不用左挑右選那麼為難了。

給你的存摺「減減肥」

開啟你的錢包，數一數你有多少張金融卡。如果有4、5張以上，那麼你該給你的金融卡「減肥」了。

隨著生活水平的提高和生活節奏的加快，為了滿足人們的便捷需求，各家銀行紛紛推出各種各樣的業務。但物極必反，原本是奔著便捷的目的而來，到頭來卻給人們增添了許多煩惱。

薪資是合庫的，基金是在中國信託買的，繳水費、電費、天然氣費的存摺是郵局的，信用卡是花旗的、網銀是玉山的……每天將資金從這行到那行，搬來挪去，是一件讓人苦不堪言的事情。稀裡糊塗的連自己到底有多少身家也搞不清楚，因為手中的銀行帳戶實在太多了，要想馬上計算清楚，還真不是件容易的事。

持有過多的銀行帳戶，首先會給我們造成管理上的不便，造成資金過度分散，大大降低資金的使用效率。

那麼我們應該怎麼給自己的銀行帳戶「減肥」呢？

第一，分析自己的實際用錢情況，理清自己在實際生活中到底會用到哪些銀行帳戶，把不用的「殭屍帳戶」儘早銷戶，減少不必要的支出。

第二，在決定辦理信用卡之前，仔細閱讀此銀行的宣傳資料，瞭解其在功能服務和費用收取等方面的資訊。因為各家銀行各種卡的功能和費用都不一樣，都是有一定針對人群的。尤其是年輕人，往往會只是因為追求卡面的漂亮、獨特，連卡的具體功能業務都沒有瞭解清楚就盲目辦理。以致信用卡一大堆，實際能用到的卻沒幾張，年費卻被扣了不少。

第三，認真審視一下自己的儲蓄、消費、信貸等生活需求，以及還款方式和習慣，找到最適合的使用的銀行帳戶，結合銀行的各項功能業務，儘量把業務功能集中到一兩家銀行帳戶上。

銀行帳戶有很多功能，除了存取功能外，其附加功能主要集中為三大類：（1）代扣代收生活費用，如水電天然氣費；（2）代發薪資；（3）代扣房貸、車貸。

如果能把這三大功能都集中在同一帳戶上其實是最理想的，不過，由於薪資和貸款一般都是被指定的帳戶，我們沒有選擇的餘地，要想集中在一帳戶上，只能是湊巧。如果你的薪資帳戶或還貸帳戶，湊巧同時也能夠辦理代收生活費業務，那你就可以把生活費的代扣功能統一到你的帳戶，這樣就可以將這三大功能集中到了同一帳戶上。同時，再把儲蓄功能也集中到這帳戶上，就不需要再辦理其他銀行帳戶。

如果你打算購買基金，那麼最好要把基金與儲蓄分開，開設兩個帳戶，一個用於儲蓄、一個購買基金，這樣便於兩種資產的清晰明瞭。

第四，信用卡一張就夠。信用卡過多，不加節制地使用，會導致不良的消費習慣，甚至負債累累，成為「卡奴」，還有可能因為還款不及時而在你的信用記錄上留下汙點。

縱觀以上可以看出，從消費、收支、投資三種不同的使用功能角度出發，合理的銀行帳戶應該是兩個，即兩個帳戶和一張信用卡就足矣。兩個帳戶分別可以用於家庭的收入支出、信貸及投資理財。另一張信用卡則可用於大額的消費和臨時透支。

看好自己的「網路存摺」

「網路存摺」，就是現在正在興起的網路銀行。人們透過網路就可以辦理銀行的轉帳、匯款、繳費、查詢等業務。隨著通訊技術的發展，網路銀行以其方便快捷的優點，受到了越來越多人的青睞。各家銀行也使出渾身解數不斷完善各自的網路銀行服務。

但是，當我們在享受網路銀行給我們帶來的便捷服務時，不要忘了網路銀行的安全性問題。看好你的「網上存摺」，以免造成無法挽回的損失。

那麼網路銀行到底是否安全呢？

一般來說，銀行的網路是安全的，其加密技術到目前為止，全球範圍內還沒人破解過。那麼，為什麼會出現諸如網銀資金被盜取盜用的事件呢？

網銀被盜，使用者疏忽是最主要的原因。使用者一些不良的電腦使用習慣，為電腦駭客創造了可趁之機，最終導致終端電腦被控制，造成損失。所以，要想保障網銀的安全，除了銀行方面的努力外，更需要我們提高自身的網銀使用安全意識，學習一些安全使用網銀的技巧。

1 謹慎保護網銀密碼及相關的私人資訊。

密碼是首要保護物件，在設定密碼時要把其設定得足夠長，最好綜合使用數字、字母大、小寫及其他特殊字元，切忌使用能被輕易猜出的經常公開暴露的資訊為密碼，譬如自己生日、姓名等。儘量使用銀行網上提供的設密軟鍵盤，以防鍵盤滑鼠被監聽。

其次是網銀帳號、身份證號、問題設定答案、證書編號等個人敏感資訊。不要向任何人透露你的密碼，也儘量不要把密碼寫在記事簿或記錄在電腦裡。

2 準確填寫註冊資料。

在申請開通網路銀行時，銀行會要求你填寫一些相關的個人資訊資料，填寫時一定要認真仔細，對所提供的資料要進行備份和留底，同時牢記查詢密碼、取款密碼及提示問題等重要資訊。

3 正確登入和退出銀行網站。

登入網路銀行時，應在瀏覽器的位址列中輸入銀行網址，不要透過其他網頁的連結間接進入；

交易完成後，要按網銀指示步驟正確退出，不要只是關掉瀏覽器。

4 使用安全的電腦。

1. 安裝個人防火牆及正版防毒軟體，並及時更新；杜絕瀏覽非法網站。
2. 安裝銀行提供的安全控制項，旨在用於保護客戶端。
3. 安裝最新的瀏覽器更新檔案。
4. 不要開啟來歷不明郵件。正常情況下，網銀不會向使用者發送有關密碼之類的郵件，所以不要輕易開啟此類郵件，也不要點選其中的任何連結，謹防病毒的侵襲。
5. 登入網銀，不要使用在網咖、圖書館等公共場所的電腦。
6. 設定電腦密碼，以免他人擅自使用，洩露重要資訊。

5 遇到異常情況，切莫慌亂。

不要輕信網上突然出現的非正常的操作提示。如果因為銀行方面的原因，系統必須暫停服務，銀行會提前在網站首頁告知使用者。如果不小心在陌生的網頁上輸入了網銀的相關重要資訊，並看到「系統維護」之類的提示，要立即撥打銀行客服電話進行諮詢確認；一旦發現帳號被盜，要立即修改密碼，或向銀行申請掛失。

6 定期登入和檢查銀行帳戶。

如果你開通了網路銀行，請定期登入自己的網銀帳戶，檢視餘額及交易記錄，發現異常，應立即致電銀行查詢。此外，還要經常更換網銀登入密碼和支付密碼。

7 帳戶的金額也不要太多，從根本上減少網銀風險。

巧用你的信用卡的積點功能

俗話說「時間像海綿裡的水，只要擠一擠，總還是會有的」，同樣，理財也可以像擠海綿裡的水一樣，擠一擠，也總是會有的。

積分是每張信用卡都具備的功能，善於充分利用我們手中各類信用卡的積分優惠，也能從中這塊海綿裡「擠」出不少「水」來，甚至收益不少。

積分是銀行對客戶消費的一種回饋。積分到一定數額可以用來兌換禮品，獲得折扣、優惠券等比較實惠常用的東西。積分越高，得到的利益就越多。不同的銀行，不同的信用卡，積分政策各有差異。

所以在刷卡的時候，要多留個心眼，平時多關注研究各個銀行的積分獎勵政策，最大限度地把自己的刷卡消費行為轉化為積分，用獲贈的禮品或優惠來貼補一下日常開支。現在我們就來瞭解一些巧用信用卡積分的小妙招。

1 「亂花漸欲迷人眼」

正確地選擇積分方式對自己最有利的信用卡，同樣的消費金額所得到的銀行卡積分，會因為信用卡的不同而產生很大差異。在五花八門的各色信用卡中，要認真分析研究其積分政策，然後根據自己的消費習慣，仔細挑選出最適合你的信用卡。如果你有多張卡，在用積分兌換禮品時，也要比較一下，用價效比最高的那張卡的積分進行兌換。

各家銀行的信用卡積分政策差異很大，比如招商銀行的信用卡積分是每次消費20元以上積得1分，但是超過20元的那部分消費就不算入積分了。

2 「該出手時就出手」

找準機會，選擇在銀行的推廣期辦理信用卡可以獲得額外積分。通常情況下，當銀行要推廣某種類型的信用卡時，在其推廣期內，一般都會贈送客戶一定數額的額外積分。就像商超裡常見的商品促銷一樣，選擇在此時購買的話，比平時要划算很多。所以，如果你有辦信用卡的意向，平日裡就要多關注銀行的此類資訊，抓住時機以獲得更多的積分。

3 「積極響應」

每逢節假日，各個商家都會推出各種打折促銷優惠活動，好不容易遇上可以放鬆的時刻，老百姓當然不會放過這種撿便宜的日子，所以節假日通常也是我們「大出血」的日子——旅遊、購物、吃喝等消費排得滿滿當當。

銀行為了推廣某種信用卡的使用，常常也會採取類似的促銷方式，在節假日舉行加倍贈送積分的活動。此時，我們也應該「積極響應」，積极參加銀行推出的積分優惠活動。你只需按照活動規則，在指定時間內刷卡消費，達到規定金額或次數，或者參加分期付款購物活動，即可獲得比平時多出幾倍的積分，或是一定點數的積分獎勵。

如果你使用的是聯名卡，那麼恭喜你，你的選擇是對的。因為使用聯名卡積分，相比較而言，可以以較低的積分兌換到更好的禮品。

4 「衝動是魔鬼」

在獲取集點的同時，要避免一些集點錯誤，以免一時衝動釀成「惡果」。禮品誠可貴，消費價更高，若為理財故，集點也可拋。切勿為了某些誘人的禮品而瘋狂刷卡購物。

很多「集點一族」往往為了某個誘人的禮物，瘋狂消費以獲得集點換取禮物，卻不考慮消費的合理與否。其實，有些集點禮品，猶如「海市蜃樓」般可望不可及，只是銀行為了宣傳而作的廣告噱頭而已。

除此之外，還要注意別讓集點「過期」。集點不一定就是永久有效的，有些銀行的集點是有「保質期」的。一旦過了規定期限沒有兌換，你卡里的集點就會被清空。當然，也有一些銀行的信用卡集點是永久有效的，這就需要你事先對自己的信用卡「做足功課」了。

小心信用卡「卡」住自己

「卡奴」！很多人對這個詞彙都不陌生。顧名思義，「卡奴」就是信用卡的「奴隸」。隨著電子商務的推廣和普及，信用卡已經成為越來越多的人日常生活的一部分，尤其受到當下年輕人的青睞。現代社會，「卡奴」組織越來越龐大，刷卡消費儼然已成為一種時尚，隨手抽出一張卡，輕輕一刷，好不瀟灑。也正因為如此，許多人欠下了一屁股的「卡債」，負債累累。

所以，我們在瀟灑刷卡的同時，要小心別被信用卡「卡」住自己。

有人做過這樣一個實驗：第一次實驗，是把一隻健康的青蛙扔到一個已經燒得滾燙的開水裡，由於高溫的強烈刺激，青蛙竟然一下子從開水裡跳了出來，毫髮無損。第二次實驗時，還是那隻青蛙，但一開始是把它放在常溫狀態的水裡，然後再把水慢慢加熱，一直到水被燒開，青蛙始終都沒有跳出來，就這樣慢慢地被燙死在開水裡。為什麼第一次那麼滾燙的水，青蛙能跳出來活命，而第二次時卻沒能跳出來呢？其實青蛙是死於自己的麻木。剛開始的溫水，因為不具有危險性，青蛙察覺不到危險的來臨，等它覺察到時，卻為時已晚，再也沒有力氣跳出來，於是就這樣在麻木中逐漸被燙死了。

同樣，我們在使用信用卡的時候，因為我們以往習慣了用鈔票付款，換成刷卡付帳後，完全沒有付錢的感覺，因為沒有明顯的危機刺激，就喪失了判斷，很容易就會過度消費，造成透支。就像第二次實驗裡的青蛙慢慢被煮死一樣，而你則是被信用卡慢慢給「卡死」。

現在，銀行辦理信用卡的門檻越來越低，僅憑一張身份證、一張工作和收入證明就可以領到一張信用卡。門檻降低了，優惠卻加大了，銀行為了吸引客戶，推出各種誘人的優惠政策。正因為如此，你的錢包才那麼鼓鼓囊囊，塞滿了各式各樣的信用卡。

雖然信用卡給我們帶來了很多便捷，但為了避免被它們「卡」住，我們要學會合理地管理我們手中的信用卡。

首先，精簡信用卡的數量。

讓那些沒必要的、多餘的信用卡光榮「失業」，減輕在你錢包的「負擔」。這樣不但可以降低你過度消費的概率，同時也能提高自我理財的能力，便於管理自己的財務支出，及時瞭解自己的收支狀況。而且，信用卡少了，需要支付的利息和服務費也就少了，刷卡的次數也會相應減少，從而幫助你減少一些不必要的消費支出，你可以把省下來的這部分錢投到更合適的地方。

其次，把整理對帳單養成一種習慣。

每個月，銀行都會把你當月的消費對帳單寄給你，千萬別把它當成廢紙扔掉，要留下來進行整理分析。根據帳單上列出的消費明細，經過分析對比，你就可以瞭解到自己的消費情況，知道自己是否存在過度消費的不理智行為，隨時掌握信用卡的負債情況。如果你發現所欠的債務已臨近自己的承受極限，那麼你就會「自覺」反省一下最近的消費行為，從而使自己在下次消費時有所節制。

對帳單除了可以幫你控制消費外，它還會為你展示很多的其他資訊，例如集點數量、獎品兌換、最低繳費金額、刷卡次數及金額等。

最後，留存刷卡收據。

很多人都不注意保留信用卡的刷卡收據，不要小看這些小小的紙片，它可是記錄你消費情況的重要憑證。每次刷卡消費後，都要記得把它收好，當月收據當月整理。這樣做不僅便於對帳，還能時刻提醒自己已經刷了多少錢。以免把信用卡當成提款機，造成過度透支，陷入欠債的惡性迴圈中，難以抽身。

卡雖小，學問大。懂得管理利用手中的信用卡，就不會被「卡」住。

繞過信用卡的八大陷阱

信用卡已經成為現代都市生活的重要組成部分，在我們的日常生活中，小到吃飯、購物、娛樂，大到買房、買車、出國旅遊等，信用卡可以說是無處不在。

也許某一天，當你刷卡時，卻突然發現信用卡早已被莫名其妙地刷爆了；或者當你準備買房，而向銀行貸款時，卻被銀行以有嚴重不良信用記錄而拒貸，而你卻對那些不良記錄卻一無所知；更有甚者，你還可能被警察「請」去協助調查信用卡惡意透支案件，使你蒙受不白之冤……此時你應該想到，這些可能都是你的信用卡「惹的禍」，或許在你不經意間，已經掉入了不法分子設下的圈套。

事物都有兩面性，信用卡在使用方便的同時，風險也會隨之而來。風險不會為你讓道，你應該學會趨利避害，謹記那些常見的信用卡陷阱，安全開心地刷卡消費。

陷阱一：資訊洩露 卡被盜刷

這種陷阱，常見的有三種情況：

1. 信用卡被複製，現金被盜刷。明明卡一直在自己身邊，自己也未曾有過刷卡行為，卻出現刷卡記錄。人在國外，卻在國內有刷卡記錄。這時，你就要警惕你的信用卡是否已被「複製」，從而慘遭盜刷。

2. 密碼設定太簡單，被不法分子破解。有些人為了方便記憶、圖省事，在設定密碼時，經常用自己生日或 123456 之類簡單的數字來做密碼。殊不知，不法分子正是利用了你的這種心理，輕鬆破解你的密碼，把你的卡刷個精光！

3.磁條或晶片資訊被竊取。有些不法商戶，會昧著良心，暗地裡勾結不法分子，設定專門的儀器來盜取你信用卡上的資訊，在你刷卡的時候，趁你不注意，就把你卡上的資訊竊取了。

4.偽造簽名。這種情況是在持卡人選擇憑簽名消費這種方式的情況下會發生的。雖然銀行宣稱，如果信用卡如被盜刷，持卡人能證明簽名不是本人親筆簽名，就不用償還那部分刷卡金額。但事實上，如果你與銀行打這種官司，不僅費時費力，而且很難勝訴。

安全對策：

發現信用卡被盜用，要立即向銀行掛失。儘量不要在那些不正規的商家那裡刷卡消費，如境外的一些賭博場所，或位置偏僻、服務不規範的商場。委託服務人員刷卡時，要保證信用卡在自己的視線範圍內被刷。另外，如果看到一些非正常的提示或者異常情況，要及時向銀行諮詢，弄清問題的原因。

陷阱二：信用記錄留「汙點」，被列「黑名單」

如果你被列入銀行信用黑名單，那就意味著你將來貸款會被拒貸。其實很多人的信用卡不良信用記錄，大都是由於自己的疏忽大意造成的。例如，不經意間把自己的個人資訊洩露給別人，別人利用你的資訊辦卡消費，惡意造出許多不良記錄。或是辦了多張卡卻不使用，或辦了卡後就銷卡；惡意套現、提供虛假資訊等行為，都會產生不良信用記錄。尤其是逾期還款，更容易產生不良信用記錄。

安全對策：

妥善保管自己的個人資訊；按時還款；如遇別人冒用自己個人資訊，可以帶上本人有效身份證件，親自到當地人民銀行徵信部門申請提供本人的信用報告。如發現與事實不符，應立即向徵信部門和相關銀行提出更正。

陷阱三：信用卡未啟用，枉交年費

很多人往往在銀行信用卡推銷員的一番鼓動之後，就衝動地去辦一些根本沒必要的信用卡。其結果是，辦了信用卡，卻沒啟用，到頭來，卡沒用，反倒交了不少年費，白花冤枉錢；或是從來沒使用過信用卡，卻會出現銀行帳戶內餘額不足，不夠繳年費的情況，從而造成透支。透支欠費後又會產生滯納金，若欠費時間過長，就會有高達幾千元的滯納金罰款。出現這樣的情況，除了自己的疏忽外，銀行相關政策不透明，也是原因之一。

安全對策：

辦卡前一定要諮詢清楚收費方面的條文規定；沒有用卡需求就不要辦卡；經常關注每張信用卡的消費和還款情況。

陷阱四：分期付款，暗藏高息

分期付款可以幫助你在沒有足夠資金時能買到想要的東西，暫時解決經濟上的窘迫。但有些東西的分期付款裡卻暗藏著高息，在選擇這種方式時，一定要仔細計算清楚其利率的高低，以免造成嚴重的「滾雪球」效應，使自己背上沉重的債務包袱。

安全對策：

如果自己經濟上能夠承受，最好不要選擇分期付款方式。如果不確定具體還款時間，但又覺得時間不會太長，那麼選擇支付最低還款額比較合適，等到當經濟寬裕的時候一次性還清；如果暫時無法全額還款但未來收入穩定，那麼可以根據每月自己的還款能力來確定分期付款期限。通常情況下，分期付款的期限越短，利率越低。

陷阱五：部分欠款逾期，全額扣息

如果你過了還款日期卻還有部分欠款沒還清，那麼，即使差1分錢，利息的計算也會按全額來計息。而且，還要繳納欠款部分的滯納金。此外，持卡人的信用記錄也會受到不良影響。

安全對策：

設定自助最低還款功能。設定此功能後，每月會自動償還最低還款額，不用擔心複利計息的可能，一旦資金寬裕，要馬上償還其餘欠款，減少利息支出。

陷阱六：「以卡養卡」連鎖反應，一卡有失波及全部

所謂「以卡養卡」，就是用一張信用卡替另一張信用卡還款。這種情況非常危險，一旦其中一張卡出現逾期還款，其他的卡都會受到「牽連」，造成不良的信用記錄。

安全對策：

樹立良好的理財習慣，在力所能及的範圍內使用信用卡，切勿過度消費，不要利用信用卡來做投資。

第五章 投機者們的天堂——股票

身處股市，人人都掙錢嗎

所有的股票投資者都希望在股市中掘得自己的一桶金，但是股市真能如你所願，讓每一個人都能賺錢嗎？這顯然是異想天開。

股市有風險，這句話絕對不是危言聳聽。股市是一個投資市場，股票是一種投資工具。如果想做股市贏家，就必須學會如何利用這個工具。

在股票市場裡，有兩種人，一種被稱為「走尋常路的人」，一種被稱為「不走尋常路的人」，這兩種人代表了炒股的兩種截然不同的走向。

「走尋常路的人」將股市看作自己的賭場，大手筆的「一擲千金」，將自己沉浸在一夜暴富的美夢裡，殊不知這種想法是多麼的愚蠢，天上不會掉下餡餅，在股票市場上同樣不會有這樣的機會。他們不做功課，不研究股市行情，把功夫全用在投機取巧上，妄圖用小道訊息來為自己搏上一把。但其結果往往是千金散盡。

「不走尋常路的人」則剛好相反，他們認為股市是智者的天堂，只有掌握了「二分之一法則」、「6個月理論」等投資技巧並能熟練掌握股票專業知識的「不正常人」，才能在股市裡遊刃有餘。他們將股市作為一種學習來對待，積極地研究股市行情，對於股市的每次起伏漲跌都瞭然於心。

很顯然，「走尋常路的人」不賺錢，「不走尋常路的人」賺錢。

華爾街頂級投資大師、亞洲股市教父胡立陽先生曾說：「想在股票市場上爭得一席之地，關鍵是自己的判斷力。要想提高自己的判斷力，有兩點很關鍵，一是多看書吸取更多的知識，二是多聽演講、多和大師級人物交流，學習實戰經驗，從而提高自己的判斷力。」

小李和小王同時開始炒股，倆人起初對於股票投資一頭霧水，但很快兩個人就各自有了自己的炒股策略。小王在經歷了股市的起伏漲跌後，開始投入到對股市的分析研究中。在他看來，要想在股市中獲得收益，必須有紮實的投資理論知識，及時掌握各種股市資訊，並熟悉各種技術分析工具。小王靠著對市場波動的準確把握，透過股價漲跌賺取差價，很快有了一筆可觀的回報。

小李覺得小王的做法太保守，很難賺到大錢。他認為，想在股市裡賺錢不僅要靠運氣，還得有相當可靠的內幕訊息，這才是股市獨門的制勝祕訣。他熱衷於打聽各種「內幕訊息」，不管訊息是否真實，來源是否可靠，一概視為自己的投資指南。小李從來不去分析市場的走勢和個股的基本面，也從不做任何技術分析，總是頻繁地買進賣出，結果是屢買屢套。

誰都希望在股市上賺錢，沒有錢的人想透過股市獲得鹹魚翻身的機會，有錢的人還想獲得更多的錢，但是未必每一個人都能得償所願。只有少數真正懂得投資技巧的人，才能在大浪淘沙的股票市場裡嶄露頭角，成為真正的贏家。而大部分的人，往往都是在股市上為別人擡轎子，做嫁衣，賺不到錢不說，還要把老本搭進去。

總之，身處股市，不是每一個人都能賺錢的。

如何擁有真正值錢的股票

同樣都是炒股票，有的人可以慧眼識珠，買到真正值錢的股票，而有的人左顧右盼，總是無法擺脫掉進垃圾股陷阱的悲劇。是這些人命中註定沒有財運，還是這些人時運不濟又遭窮途末路呢？

對照一下下面介紹的幾種炒股技巧，也許你能從中找到答案。

1 眼界要跟你的品味一樣高。

不要像蒼蠅似的老盯著那些已經過了輝煌期開始走下坡路的公司，它們通常是垃圾股的繁殖地，在這裡你淘不到任何有升值空間的潛力股。

心比天高，有何不可？下決心非最優秀公司的股票不買。只要堅定這個信念，你的投資本領就會慢慢得到提高，更重要的是會練就你的「火眼金睛」。到時候，就算你不刻意地避開那些垃圾股，他們也會對你敬而遠之的。

優秀的公司不僅僅是相對於國內市場來說，最好將它放到國際市場上去接受考驗。雖然在選擇公司上要耗費你很多的精力和時間，但是，等到你買到真正值錢的股票的時候，你就會覺得勞有所值了。

2 百裏挑一，精挑細選。

要麼不選，要麼就選這樣的股票，它必須是「集萬千寵愛於一身。」擁有獨一無二的競爭優勢，不存在影響公司長期成長和增值的重大障礙。

在所有的股票投資中的理論，投資大師們最常用的就是「長期好友理論」了，透過這一理論，延伸出這樣一個不二法則——嚴格選，隨時買，不要賣。

但有很多投資者總是偏愛「隨機漫步理論」，這個理論源自猴子擲飛鏢的故事，其本意是說投資者的選股就像猴子亂擲飛鏢一樣，不管在選股上下多少工夫都是徒勞的。這與我們所講的「嚴格選」原則是背道而馳的，那些被比作猴子的投資者通常都是一些名不見經傳的平庸投資者。千萬要記住，無論任何時候，選股都不能掉以輕心。

3 讓蠅頭小利靠邊站。

有些股民雖然相信自己的股票具有無限的升值空間和良好前景，但是他們經常會因為股票的起伏而患得患失，比如一點差價就能讓他們耿耿於懷，一個波段就能讓他們夜不能寐。甚至是掛高掛低的幾分錢也要斤斤計較，翻來覆去，最終什麼都沒賺到，白白給證券公司交了手續費。

放長線才能釣大魚。要使我們手中的股票成為最值錢的股票，就要考慮做長線投資，世界上沒有哪個投資大師是靠炒短線揚名立萬的。

4 良好的心態是定心丸。

很多非職業的股民，每天上班時，都會偷空看看所持股票的漲跌，看著股價的紅綠跳躍悲喜無常。也有很多股民常常給自己的股票「算命」，甚至趕上專業的「短期走勢預測專家」了。其實這都是心態不穩的表現，而心態不穩是股市投資的大敵。

如果想獲得長期回報，就必須穩定自己的心態，無需做短期預測，只要關心上市公司的基本面就行了。

投資者應該將眼光放遠，牢牢握住優秀公司的股票。不要太在乎一時的起伏漲跌，而要堅定信心，長期持有。

5 不要將技術太當回事。

高賣低買、底部頂部、時間之窗、黃金分割位、金字塔結構、牛市策略、熊市策略——各種層出不窮的技術分析手段，令很多股民眼花繚亂。可是，如果真的依靠技術就能賺大錢，那些所謂的技術分析大師不就早發大財了嗎？何至於每天辛辛苦苦地在各種媒體上發表文章，給別人做分析指導呢？

其實說穿了，技術分析只是股市投資的輔助工具，而且它只適用於短線炒作。起決定作用的是總體經濟大環境以及所持股票的基本面和未來成長性。單純依靠技術理論，而忽視了與公司的基本面相結合，只是空對空地以價格變化去解釋一切，不僅賺不到錢，而且還會破壞你的心態，影響到你的投資理念。

在長期的投資中，要堅持自己的投資理念，學會「以不變應萬變」。這樣才能把握住可能遇到的好股票。

什麼人不適合炒股

如果你想在股市遊戲中獲得自己的一席之地，首先要問一下自己是否適合炒股。要知道，並非所有的人都適合炒股票。

那麼，到底哪些人不適合炒股呢？

1. 聞風而動型：一旦聽到什麼風吹草動，立刻聞風而動，人家說啥就信啥，完全沒有自己的判斷，由耳朵直接操縱手指。如果你每一次的買賣都是這樣完成的，那麼，你根本不適合在股票市場上闖蕩。

2. 瘋狂購物型：這種人可能只有幾萬元的資金，可是手裡卻握著十幾甚至幾十支股票，所有的股票都想雨露均沾，少買哪一支都會覺得遺憾，手頭上的現金必須換成股票才能安心，時刻擔心錯過上漲的機會。

3. 妖言惑眾型：這種人就像牆頭草一樣，看到股票漲了，就大唱讚歌，看到股票跌了，就大放厥詞，恨不得用流言蜚語將整個論壇淹沒。

4. 偏執狂型：認死理，有咬住青山不放鬆的勁頭，可是偏偏用在了不該用的地方。明明知道選錯了股票，卻要死扛，不回本決不拋，這樣固執己見的結果只能是自尋死路。

5. 永遠認錯型：表面上是一幅痛心疾首，悔不當初的樣子，但只知道認錯，從來都不知道改錯，這種人沒有風險意識，是註定要在股市上一直賠下去的。

6. 祥林嫂型：這種人，整天心事重重，唉聲嘆氣，慢慢地還會演變成特別享受這種悲劇情調。你選擇的是股市，不是悲情劇場。如果不想賠更多的錢，還是趁早離開吧。

7. 賭徒型：對於這種人來說，市場就是賭場，腦袋裡整天被一夜暴富的美夢給佔據著，沒有錢就借錢，甚至抵押房子貸款炒股。炒股的人一定要有「閒錢、閒心和閒暇」這三閒。否則，還是趁早收手，免得窮途末路，傾家蕩產。

8.股評型：每天看股評，卻從來只是鸚鵡學舌，沒有自己的判斷，時常成為黑嘴下手的物件。喜歡故弄玄虛，有時候明明虧得一塌糊塗，但就是鴨子死了嘴硬。對於他們來說，股市不是用來投資的，是用來侃用來吹的。

9.入戲太深型：把股市的波動當成電視連續劇，起伏漲跌無時無刻不讓他們情緒失控，心智大亂，上漲失控，下跌失控，橫盤也失控，開盤幾小時就煎熬幾小時，這種人如果失敗也不是股市惹的禍，歸根究底，是自己入戲太深。

10執迷不悟型：自己的資金被垃圾股給套住了，還要大言不慚地補上兩句：「經歷多少次了，從來就沒怕過。」建議這類人還是把錢存入銀行或者買基金比較靠譜。

11追漲殺跌型：每天都把精力用來關注漲停或大漲的股票，總是後悔當初怎麼沒買那支股票，或者後悔不該買現在的股票，追漲殺跌對於他們來說是家常便飯。

12不受控制型：晚上睡覺的時候都在想著股票，上漲的時候興奮地不能自已，難以入眠，下跌的時候怨天尤人，焦慮難眠。試想處於這種極不穩定的狀態下，每天的情緒被股市所左右，還能用一顆平常心來坐看股市的風生水起嗎？

對於以上所列的這12種類型，如果你能對號入座其中的一種或幾種，「榮幸」地位居不適合炒股之列，或者自認對炒股缺乏天賦，那就乾脆金盆洗手，退出股市吧。對那些曾經炒股溼身的人，更要有前車之鑑的意識，以免再重蹈覆轍，陷入萬劫不復的境地。

對於那些不適合炒股票的投資者，我們的忠告是——「股海無邊，回頭是岸」。

如何防止股票不被套

「股市沒有專家，只有贏家和輸家」。很多股票投資者，對於這句話都不會感到陌生。即使是巴菲特這樣的世界頂級投資大師，也不敢妄言自己是永遠的贏家。對於炒股的人來說，一不小心就會被股市「套住」，股票被套住之後，要麼「割肉」，要麼「沒完沒了」。無論選擇哪一種，股票被套的感覺都讓人感覺非常難受。

那麼，究竟有什麼方法可以防止股票被套呢？

1 防止被套要從選股開始

股票市場上魚龍混雜，垃圾股經常混跡於此，令人防不勝防。所謂垃圾股，就是業績很糟或未來業績很糟，或者連續出現虧損的股票。

投資者們沒有火眼金睛，就必須使勁擦亮眼睛去分辨，儘量避開垃圾股。但是問題通常不是這麼簡單，在這類股票裡經常也會殺出一部分「黑馬」就是我們經常所說的超級大牛股，所以引的一部分人蠢蠢欲動。到底如何選擇股票呢？

我們在這裡教你幾招，最直接的辦法就是以幾個重要指標為標準來判斷：機構介入程度、公司毛利率、未分配利潤、淨資產收益率和市盈率等。透過這幾方面篩選出來的股票一般沒有太大問題。

2 買股票也要講究天時地利

當萬事俱備，只欠東風的時候，切不可在買入時機上出現閃失。有不少股民屬於「人來瘋」，追高買股是他們這些人經常上演的戲碼，明明知道失敗的比率遠遠大於成功的比率，卻硬要飛蛾撲火，自取滅亡。

還有另一部分股民信奉「反向投資」只購買近來表現不佳的以及大多數投資者不感興趣的股票，這些股票大多是無人問津的冷門股，沒有任何的業績支援，在大盤不穩時最容易被套牢，而一旦被套，就不知道何年何月才能解套了。

3 止損不止贏

好股票往往順風順水地一路瘋長，而壞股票經常會遭遇滑鐵盧，一跌再跌。像巴菲特旗下的波克夏公司出現五位數的股票價格，而台灣股市出現很多幾塊錢的「雞蛋水餃股」也就不足為奇了。

我們在買入某支股票之前，要先設立一個止損點，一旦這隻股票跌破這個價位，就要在第一時間賣出。即使是那些適合做長線投資的股票，如果股價持續下跌，很有可能是公司的基本面出了問題，所以要趕緊賣出，否則會被死死地套住。

4 拒絕中陰線

如果發現中陰線有明顯的下滑跡象，就不難想象有些個股主力已經按捺不住，急於出貨了。這時候股民就應該未雨綢繆，考慮賣出了。有些時候，即使主力不想出貨，但對於股價的支撐也愛莫能助，股價下跌就是已成定局的事了。所以無論在那種情況下，只要是出現中陰線，就應該考慮出貨。寧願少賺點，甚至少賠點，也不要被套住。

5 不做莊家的犧牲品

經常會聽到有些股民埋怨莊家放假訊息，導致自己的股票稀裡糊塗地被套住。

其實莊家的訊息我們可以分著聽，對於莊家或者是莊家外圍的訊息，在買進之前可以作為參考。但關於出貨則完全是自己的事情了，你不能把賭注壓在莊家的身上，這樣太危險，試想有幾個莊家會告訴你他在出貨呢？所以出貨的時候一定要根據盤面來判斷定，切不可讓空穴來風的小道訊息給衝昏了頭腦。

6 只認一個技術指標，發現不妙立刻就溜

把一個技術指標研究透了，勝過你手裡握著的一百個技術指標。

關鍵是這一個技術指標就能讓你將一隻股票的走勢徹底吃透，所以與其學蛇吞象，不如只取一瓢，這樣在行情走壞的時候也能順利脫手。

股市沒有報警系統，不會有人提醒你該在何時買入，何時賣出。靠誰都不如靠自己，只有自己真正把握住股市的走向趨勢，摸準股票的漲跌規律，才能有效地防止股票被套。

股票被套，如何解套

「夜路走多了，總會遇見鬼。」既然身處股市，即使你再怎麼小心翼翼，窮盡七十二變，也依然不能避免被套。

這就好比掉入了機構精心設計的陷阱，如果想要全身而出，實非易事。但沒有哪個投資者是甘於永遠被套的，逆來順受，毫無革命精神的投資者註定是要被淘汰的。因此，就算是「人為刀俎，我為魚肉」，也要反抗掙扎，畢竟，沒到窮途末路，就還有機會。

解決股票被套，最常用的方法有兩種，被動解套和主動解套。

被動解套就是將股票放在一邊，但不代表要讓它自生自滅，等到大盤轉好，股票價格上漲到買入價的時候就可以賣出。這正好暗合了股市的規律——風水輪流轉，股市永遠是漲跌迴圈，沒有漲不跌的股市，也沒有只跌不漲的股市。

主動解套的方法可謂是多種多樣，由於套牢程度有輕有重，投資者的剩餘資金有多有少，所以必須要因勢利導，對症下藥。以下幾種方法可供參考。

1 加倉攤低成本，降低被套深度

反彈的契機經常潛伏在股市下跌的過程中，所以在股市下跌的過程中，投資者一定要抓住反彈的機會，利用手頭上多餘的資金，採取向下加碼買進攤低成本的方法。隨著股價的逐步下跌，投資者要在下檔加碼買進，這樣才能逐步降低持股成本。

當然，投入的資金並不是越多越好，市場千變萬化，任何人都不知道下一秒市場會怎樣天翻地覆，所以一定要做到留有餘地，控制好資金的入市數量，否則，就會陷入越套越多的尷尬境地。

2 安心持股，以靜制動

股票的下跌過程並非一日千里，它是有輕重緩急之分的。最不安分的就是市場中過分投機的個股，他們往往上下波動劇烈，不論是在漲勢還是在跌勢中都比其他股票的幅度大。比較穩定的當屬績優股、強莊股和基本面變化不大的個股，如果這類股票不幸被套，投資者不必過於緊張，更不必因為股價的起起落落而坐立不安。「勝券」在手，只要安心持股，等待股價回升，定能守得雲開見月明。

這裡必須要注意的是，一旦股價回升到高位，一定不要迷戀於這種短期上漲給你製造的虛幻假象，要及時賣出。很多股民就是因為沒有及時賣出，眼看著股價再次回跌，卻又無回天之力，從而痛失解套良機。

3 壯士斷腕，割肉斬倉

公司的經營狀況的好壞關係到投資者的切身利益，不要做「同甘共苦」的受害者，如果投資者持有的股票質地不佳並且公司的經營狀況每況愈下，那就要及時警醒，割肉斬倉，將損失降到最低。

對於股票的價格，每一個投資者都有自己的一個心理定位，它是否是一隻潛力股，就看它能不能達到投資者的預期目標了。但是大多數的個股炒作的過度投機行為經常會導致股票價格嚴重的背離其價值，因此如果這類股票被套，那麼長痛不如短痛，及早放虎歸山，說不定還能免遭一劫。

4 暗渡陳倉，換股操作

眼看自己手中的股票已明顯地成為弱勢股，短期內想鹹魚翻身估計是難於上青天了，即使如此，也不要坐以待斃，識大局者才能左右逢源。不妨將手中的股票脫手，選一隻基本面良好的股票或者是市場中有資金關照、剛剛有啟動跡象的股票。

汰弱換強，從後面買入的股票中獲利，不要在一顆樹上吊死，跟一支股票天長地久。

5 分批解套，有買有賣

解決亂麻的唯一方法就是先理出個頭緒，按部就班地一步一步來，急於求成只會忙中添亂，徒勞無功。

對於持股很多的股民，要像清理亂麻一樣來對待手中被套的股票。分批解套不失為一個好方法。在解套的過程中，要做兩手準備，那就是將已經解套的股票分批賣出，繼而買進強勢股，這樣既能從強勢股上漲中獲利，又能減少被套股票繼續下跌造成的損失。但是，如果大盤一直處於弱勢之中，獲利機會很小，則操作起來比較棘手。

總之，被套並不可怕，兵來將擋，水來土掩。只要你將方法運用得當，就一定會有「翻身農奴把歌唱」的一天。

長期投資 PK 短線投資

投資股票，究竟是長期投資好，還是短期投資好呢，很多投資者在這兩者之間舉棋不定，更多的人是想魚與熊掌二者兼得，當然這也不是不可能的，我們完全可以「兩手抓」，既可體會長期投資帶給你的巨大滿足，又可感受到短期投資帶給你的炒股樂趣。

亞洲股市的發展歷史比較短，成熟的股民相對較少，長期投資的理念一直得不到市場的認同。

除了政策監管和輿論導向方面的原因外，也有認識上的問題，因此，對於投資者來說，正確理解長期投資與短線投資十分重要。

長期投資的含義，是指不要把投資理財當作短期炒作行為，期望炒幾把就可以發大財，而應該把股票投資作為自己一生的事業，不管你是把它作為自己的主業，還是自己的副業。當然，長期投資的概念也是相對的，三五年相對於半年、一年是長期；十年、二十年相對於三五年更是長期，這時，半年、一年或者三五年相對就成為短期或者中短期。

從國內外股票投資的成功經驗來看，我們在股市上堅持長期投資的理念和策略是有充足依據的。其一，隨著國民經濟的高速發展和監管機制的不斷完善，股市的長期獲利值得期待；其二，總有一批行業和企業在較長時期內呈現快速而穩定的成長性，具有較高的內在價值，這些行業和企業是不斷湧現、層出不窮的；其三，長期投資不必為每天的股價起伏操心，可以避免短線進出的風險，並節省進進出出的佣金和交易稅費。

我們要理性地對待長期投資，也就是說，不是什麼公司的股票都可以長期持有的。將那些沒有內在價值的公司股票長期持有，必然陷入長期投資的錯誤或陷阱。長期投資的物件必須是業績優良、並且是成長性的公司。業績欠佳，沒有盈利的股票，當然談不上長期投資；即使是當前營運良好、獲利可觀的公司，如果缺乏創新機制，沒有很好的發展前景，產品市場受限制，只是以逐年增資維持獲利能力，這種公司的股票也不宜長期持有。

股市上還有一種情況是，一些投資者本來是想做短線的，被套牢後，短線變中線，中線變長線，而且往往是被套在頂部，沒有及時止損，必將忍受漫長陰跌的痛苦。這樣不但掙不到錢，還損失了寶貴的時間，這樣的長期持有顯然不妥。理性的長期持有，就在把握公司的內在價值的前提下，長期投資業績優良、能夠穩定分紅及穩定股價的公司。不少成功的投資者正是由於看準了幾個公司的高成長性，採取長期持有這幾家公司股票的理念和策略。

巴菲特有一個觀點，也是他本人一直遵循的理念：以價值投資為基礎，而不是短期的炒作。他信奉「集中投資、長期持有」的投資策略，尤其是注重中長期投資增值。巴菲特的理念和策略是在三四十年前的美國證券市場情況下形成的，對於我們來說，是否已經過時了呢？其實我國目前的證券市場，在規範性和市場化方面，還比不上幾十年前的美國證券市場。在我國證券市場發展的初期階段，巴菲特的長期投資理念和策略仍然有很現實的指導意義。它們不但不過時，而且還應當大力倡導。

雖然我們強調要堅持長期投資的理念，但也不是絕對排除短線操作。相反，我們提倡有條件的投資者應當正確看待和運用短線操作。有資訊優勢、較高操作水平和豐富經驗的投資者，完全可以進行短線操作。

但是，短線投資者要時刻記住，短線炒作的風險往往比較大，切不可將全部賭注都壓在短線操作上，而應當採取長短結合的方式。事實上，長期與短期相結合的理念正是股票投資所提倡的基本理念之一。

巴菲特的核心投資理念

就像提起足球不得不談貝利，提起籃球不得不談喬丹一樣，談到股票投資，那就不得不談巴菲特。

1956年，年僅26歲的巴菲特從100美元開始起步，2008年，他以620億美元的淨資產位列福布斯全球富豪榜榜首。2017年達到780億美元。誰都知道，巴菲特的財富來源於股市，那麼，他到底是如何靠投資股票賺到如此巨大的財富呢？下面我們就簡單介紹一下巴菲特的選股法則和投資策略。

巴菲特的選股法則

巴菲特認為，好公司才有好股票，只有那些業務清晰易懂，業績持續優秀並且由一批能力非凡的、能夠為股東利益著想的管理層經營的大公司，才是好公司。在巴菲特看來，好價格不如好公司，神祕感不如安全感。他一直堅持的選股法則是：

1 投資那些始終把股東利益放在首位的公司

巴菲特總是青睞那些經營穩健、講究誠信、分紅回報高的企業，以最大限度地避免股價波動，確保投資的保值和增值。對於那些總想利用配股、增發等途徑榨取投資者血汗的企業，他一概敬而遠之。

2 投資資源或技術壟斷型行業

從巴菲特的投資構成來看，石油、煤炭、電力、道路等資源壟斷型企業佔了相當份額，這類企業一般是外資購併的首選，其獨特的行業優勢也能確保效益的平穩。巴菲特十分偏愛那些能對競爭者構成巨大「進入障礙」的公司。當然，這不一定意味著他所投資的公司一定獨佔某種產品或某個市場，但他總能找到那些具有長期競爭優勢的公司。

3 投資未來前景看好的公司

人們把巴菲特稱為「奧馬哈的先知」，因為他總是認真地去辨別公司是否有好的發展前景，能不能在今後幾十年裡持續保持成功。他預測公司未來價值的辦法是，計算公司未來的預期現金收入在今天值多少錢。然後他再去尋找那些嚴重偏離這一價值、低價出售的公司。

巴菲特的投資策略

巴菲特的投資股票的核心策略是：在最低價格時買進合適的股票，然後就耐心等待。「別指望一直做大生意，如果價格低廉，即使中等生意也能獲利頗豐。」

1 不熟不做

有句諺語叫：「生意不熟不做」。巴菲特也有一個習慣，不熟的股票不做，所以他永遠只買一些傳統行業的股票，而不去碰那些高科技股票。2000 年初，網路股高潮的時候，巴菲特卻沒有買。當時很多人都認為巴菲特已經「落伍」了，但後來的事實證明，網路泡沫埋葬的是一批瘋狂的投機家，而巴菲特再一次展現了其穩健的投資大師風采，成為最大的贏家。

巴菲特的經驗告訴我們，在做任何一項投資前都要仔細調研，自己沒有瞭解透、想明白前不要倉促決策。比如現在存款利率很低，很多人都在尋找投資機會。股市不景氣，有人就想炒外匯、炒期貨、炒房產。其實這些投資渠道的風險不見得比股市低，其操作難度並不比股市小。所以在自己沒有把握的時候，把錢存到銀行裡要比盲目投資安全得多。

2 逆向思維

巴菲特有一個投資習慣是：逆向思維，即在別人貪婪的時候恐懼，在別人恐懼的時候貪婪。事實多次證明，巴菲特的逆向思維屢試不爽。

不過於貪婪：1969年，華爾街的投資者上演了一場瘋狂投機的好戲，面對連創新高的股市，巴菲特卻在手中股票漲到20%的時候，非常冷靜地悉數拋出。

不過於恐懼：2008年，當華爾街的股票一路狂跌的時候，巴菲特卻大膽買進，不到一年，巴菲特就獲得了超過20%的回報。

不跟風：2000年，全世界投資者都瘋狂追逐網路概念股的時候，巴菲特卻稱「自己不懂高科技，沒法投資。」一年後，網際網路泡沫破滅，巴菲特倖免於難。

不投機：巴菲特從來都是堅持價值投資，他常說的一句口頭禪是，「擁有一隻股票，期待它第二天早晨就上漲是十分愚蠢的。」

3 長期投資

有人曾做過統計，巴菲特對每隻股票的持有時間都在5年以上。而這些股票絕大多數都為巴菲特貢獻了十分可觀的投資收益：

華盛頓郵報：投資1100萬美元，持有30年，盈利16.87億美元，增值160倍；

吉列剃鬚刀：投資6億美元，持有14年，盈利37億美元，增值6倍；

美國大都會：投資3.45億美元，持有10年，盈利21億美元，增值6倍；

可口可樂：投資12億美元，持有5年，盈利70億美元，增值5.5倍；

美國運通：投資14.7億美元，持有11年，盈利70.76億美元，增值4.8倍；

富國銀行：投資4.6億美元，持有15年，盈利30億美元，增值6.6倍；

中國石油：投資5億美元，持有5年，盈利35億美元，增值8倍。

……

我們經常看到許多人追漲殺跌，到頭來只是為券商貢獻了手續費，自己卻是竹籃打水一場空。我們不妨來算一個帳，按巴菲特持股的平均年限，某支股票持股8年，買進賣出手續費是1.5%。如果在這8年中，每個月換股一次，支出1.5%的費用，一年12個月則支出費用18%，8年不算複利，靜態支出也達到144%！

如果你在股市裡頻繁換手，那麼很可能錯失良機。巴菲特的原則是：不要頻頻換手，直到有好的投資物件才出手。他常引用傳奇棒球擊球手特德威廉斯的話：「要做一個好的擊球手，你必須有好球可打。」如果沒有好的投資物件，那麼他寧可持有現金。

此外，巴菲特還有一項自己的「專利」，即「把雞蛋放在一個籃子裡」。很多理財專家對此不敢苟同，他們通常都認為「不要把所有雞蛋放在同一個籃子裡」，這樣即使某種金融資產發生較大風險，也不會全軍覆沒。但巴菲特卻認為，投資者應該像馬克．吐溫建議的那樣，「把所有雞蛋放在同一個籃子裡，然後小心地看好它。」

從表面看，巴菲特似乎和大家發生了分歧，實際上雙方都沒有錯。巴菲特是世界公認的「股神」，其強大的分析預測和判斷能力，無人能與之比肩，自然有信心重倉持有少量股票；而我們普通投資者由於自身精力和知識的侷限，很難對投資物件有專業深入的研究，因而分散投資不失為明智之舉。

其實，巴菲特的投資策略並不複雜，只要你願意接受，並且意志堅定，不為市場風吹草動所影響，那麼，從理論上來說，你也有可能成為像巴菲特那樣的成功人士。

巴菲特曾經說過這樣一句話：「我們所做的事，沒有超出任何人的能力範圍。」表面上看，誰都能做到，可是誰又能像巴菲特那樣幾十年如一日的堅持做下去呢？

第六章 投資者的「大眾情人」——基金

市場上都有哪些基金

基金與股票一樣，都是證券市場上的投資工具。其不同之處在於，投資股票的風險和收益要大於基金。現在，市場上的基金種類十分繁多，買賣規定也各不相同，很多投資者對此都一頭霧水。那麼，市場上到底都有哪些類型的基金呢？

根據不同的劃分標準，可以將基金分為不同的種類：

1. 根據是否可增加或贖回，可分為開放式基金和封閉式基金。

開放式基金不在證券交易所上市交易，一般透過銀行等代銷機構或直銷中心申購和贖回，基金規模不固定，可隨時向投資者出售，投資者也可要求隨時買回。開放式基金沒有存續期，理論上可以永遠存在，其價格由資產淨值決定。

封閉式基金一般在證券交易所上市交易，有固定的存續期，存續期間基金規模固定，投資者透過二級市場進行基金的買賣（類似於股票）。

目前，開放式基金已成為國際基金市場的主流品種，美國、歐洲、日本及我國香港和臺灣的基金市場90％以上均為開放式基金。

2.根據投資物件的不同，可分為股票型基金、債券型基金、混合型基金、貨幣市場基金。

股票型基金，是指60％以上的資產投資於股票的基金。雖然股票型基金的風險和收益低於直接投資於股票，但在所有基金中，股票型基金的風險最大，收益也最高。股票型基金比較適合承受風險能力較高的激進型投資者。

債券型基金，是指80％以上的資產投資於債券的基金，其投資物件主要是國債、金融債和企業債。相對而言，股票型基金的風險較低，收益也較低。適合不願承受風險的保守型投資者。

混合型基金，有時也稱配置型基金，是指可以同時投資於股票、債券以及貨幣市場的基金，且不符合股票型基金和債券型基金的分類標準。可隨時在股票和債券間進行轉換，不受分配比例的限制。其風險和收益位於股票型基金和債券型基金之間，比較適合抗風險程度中等的穩健投資者。

貨幣市場基金，是指僅投資於貨幣市場有價證券的基金，如國庫券、商業票據、銀行定期存單、政府短期債券等。在所有基金中，貨幣市場基金風險最低，收益也最低。

3.根據投資風險與收益的不同，可分為成長型基金、收益型基金和平衡型基金。

成長型基金，以資本長期增值為投資目標，其投資物件主要是市場中有較大升值潛力的小公司股票和一些新興行業的股票。為達成最大限度的增值目標，成長型基金通常很少分紅，而是經常將投資所得的股息、紅利和盈利進行再投資，以實現資本增值。

收益型基金，旨在為投資人提供穩定的收益，同時具有部分的本金保障功能，其投資物件主要是債券和優先股。

平衡型基金，是指以既要獲得當期收入，又追求基金資產長期增值為投資目標，把資金分散投資於股票和債券，以保證資金的安全性和盈利性的基金。

4. 根據組織形態的不同，可分為公司型基金和契約型基金。

基金透過發行基金股份成立投資基金公司的形式設立，通常稱為公司型基金；由基金管理人（基金公司）、基金託管人（一般是銀行）和投資人三方透過基金契約設立，通常稱為契約型基金。當前，我國的證券投資基金均為契約型基金。

你該如何挑選基金

當前，基金已經在普通家庭理財中充當重要角色。面對各種各樣的基金產品紛至沓來，很多投資者茫然不知所措，不知該如何選擇。

其實，無論基金市場再怎麼變化，基金品種再怎麼繁多，終歸偏離不了基本的投資策略。也就是說，挑選基金是有方法可循的。

1 基金品種一定要與自身的投資偏好匹配。

如果你有挑戰高風險的雅興，那就非股票型基金不可了；如果你本著慎重的原則，那麼就不妨買一些債券型基金或貨幣市場基金，從而減少市場風險。如果你追求的是資產的快速增值，那可以考慮購買成長型基金；如果你追求的是定期獲取收益，用於彌補生活支出，那麼收益性基金就是你的最佳選擇。

2 關注基金淨值能否持續增長。

無論是何種基金類型，投資者要想獲得投資收益，都必須依靠基金淨值的持續增長。淨值持續增長的幅度，是基金能否被列為真正具有投資價值的基金行列的標的。所以，關注淨值能否持續增長是投資者選擇基金的必要功課。

3 付出的投資成本和費用是不是最優的。

無論買什麼東西，我們都希望用最少的錢買到最多的東西。同樣，對於投資者來說，用較少的資金來購買較多的基金，也是幫投資者降低成本的好方法。但在堅持「錢少量多」的前提下，我們也要兼顧基金的「質量」，擇優選擇一些基本面良好、具有良好成長性、服務良好的基金管理人旗下的基金產品，當然還要避免進入「價格越高，質量越好」的錯誤，我們不能否定「一毛錢、一分貨」，但也要講究「物美價廉，物超所值」。對於有較高費率定價的高價基金，投資者還是要謹慎對待。畢竟，價格低的基金更具升值空間。

4 基金品種是否與自己的投資目標契合。

無論哪一種基金，它們都有自己的投資風格和所追求的目標。對於投資者而言，如果你追求短期目標，那麼在基金品種的選擇上，要儘量避免種類過多的資產配置。如果你追求的是中長期目標，那麼你應該將投資目標重點放在指數型基金或者股票型基金上面，這樣，經濟增長帶來的增值機會就會變為共享資源，極大地發揮出它們的優勢。

5 基金在家庭資產中的配置是否合理有效。

「不要把雞蛋放到同一個籃子裡」的投資理念已經為很多人所熟知，但並不是所有人都已經脫離紙上談兵的膚淺，還是有為數不少的「理論者」沒有將其貫穿到投資的實戰中來。他們要麼將家庭資產全部投入到購買基金產品的計劃當中，要麼集中資金購買高風險的股票型基金。這樣不惜血本的「一擲千金」，大有「不成仁便成義」的豪邁。殊不知，這樣不明智的做法實在無異於是自尋死路，自掘墳墓。

6 基金管理人是否有能力來有效地支撐基金淨值的持續增長。

投資者選擇基金的時候，實際上他不是在選基金，而是在選擇基金背後的基金管理公司。只有優秀的基金管理公司才有卓越的基金管理團隊；只有運作經驗豐富，投資水平高超，具有一定的市場認可度和良好口碑的基金管理公司，才是值得委託的機構。

了解了選擇基金的方法，你是否對自己如何購買基金有了更正確全面的認識呢？

封閉式基金VS開放式基金

不管是什麼時候，「大浪淘沙」都在基金的財富故事中越嚼越有味，如果你還對那些基金新術語或者基金新概念一竅不通，那麼，你就要被OUT了。

證券市場沒有風平浪靜的時候，大盤的起伏漲跌就像大海的潮起潮落一樣稀鬆平常。在這種情況下，對於開放式基金和封閉式基金的孰優孰劣，可能在各位投資者的心裡已盤算了好久。

開放式基金是大勢所趨，增值潛力指日可待；封閉式基金雖然顯得「保守」，但投資價值似乎也大有「吹盡黃沙始見金」之勢。究竟如何取捨，投資者也各持己見，爭論不下。

既然如此，我們就來分析一下兩者的優劣和異同，「是騾子是馬，拉出來溜溜」，就可立見分曉了。

1 「封閉」與「開放」的可變程度

封閉式基金的存續期限不得少於5年，在這五年內，已被發行的基金單位是不能被贖回的（可透過證券公司進行買賣），在這存續期間內，它是以長期固定不變的規模而存在的。除非有特殊情況，否則封閉式基金不能進行諸如擴募一類的變更。

相對於封閉式基金的「不近人情」，開放式基金則比較「好說話」，不僅投資者可以隨時申購或贖回基金單位，基金公司也可隨時發行新的基金單位。開放式基金的規模每天都處在不停變化之中。

2 「固定」與「不定」的運作方式

封閉式基金的規模是固定的，它的存續期限最長可達十五年。投資者交易業務的辦理通常只能是固定的證券交易場所。而開放式基金則沒有明確的存續期限，投資者如果要辦理任何交易業務，可隨時向基金託管人（一般是銀行）或者中介機構提出申請。

3 「贖回」與「被贖回」的風險程度

開放式基金的種類很多，如貨幣型基金、債券型基金、股票型基金等。因為規模不固定，基金總額每天都「潮漲潮落」，與之相應的業績也就時好時壞。業績越好，人氣就越旺，如果業績陡然不濟，越來越向「深水」裡滑，那麼最終就會受到大量贖回的威脅。

封閉式基金自身的「保守」性，已經將基金提前被贖回的可能性扼殺（特殊情況除外），這對於基金長期業績的增長有很大的幫助。在證券市場上，如果你想獲得以較低的價格買到較高基金的淨值差價，是不能立刻兌現的，它必須得在封閉式基金的存續期限到期或者是提前換入「開放」才能實現。

4 「供求」與「計算」買賣價格的形成

封閉式基金的買賣價格一直要受到市場供求關係的影響。市場供大於求時，基金價格就會低於每份基金單位資產淨值，投資者所擁有的基金資產就會相應減少。當市場供小於求時，基金價格就會高於每份基金單位的資產淨值。而開放式基金的買賣價格則以基金單位的資產淨值來計算，基金單位資產淨值或高或低可以直接看出。

另外，在基金的買賣費用方面也不盡相同。買賣開放式基金時，要承擔價格之內的申購費和贖回費；而買賣封閉式基金時，則要承擔價格之外的一定比例的證券交易稅和手續費。

5 「定期」與「隨時」的買賣方式

封閉式基金設立之初，是由投資公司或者是銷售機構認購，上市交易以後，則透過交易所按市價進行買賣；而開放式基金可以隨時隨地向銷售機構申購或者贖回。

6 「長期」與「短期」的投資策略

雖然封閉式基金不能像開放式基金那樣有隨時贖回的自由，可是正因為如此，才使得其募集到的資金可以全部集中起來用於證券投資，配合基金管理公司的長期投資策略，經常會取得意想不到的良好績效。

開放式基金因為要保證投資者隨時贖回的資源，所以必須保留一部分固定現金。這樣為長期投資源源不斷注入的資金力量就會顯得「勢單力薄」，所以一般它都比較傾向於投資變現能力比較強的資產。

此外，相對於封閉式基金來說，開放式基金可以直接面對投資者，具有流動性好、市場優勝劣汰機制強、透明度高、便與投資的優勢。但是，我們也不能因此就說封閉式基金不好，封閉式基金對於長期投資來說，同樣具有開放式基金無法比擬的優勢。

透過以上的比較，我們可以看出封閉式基金和開放式基金其實是各有千秋的，投資者在選擇的時候，不要人云亦云地跟風投資，而要結合自身的實際情況和投資目標進行權衡選擇。必須要指出的是，任何一種投資手段都不能絕對保證投資者的資金安全，只有從自身實際情況出發，理性地看待每一次投資才是投資者應有的理財態度。

指數基金緣何受寵

那麼，到底什麼是指數基金呢？基金公司和投資者又因為什麼如此青睞它呢？

投資基金根據投資理唸的不同，可以分為主動型基金和被動型基金。主動型基金總是尋求取得超越市場的業績表現；而被動型基金一般不主動尋求超越市場的表現，而是試圖複製指數的表現，因而被動型基金又被稱為指數型基金（亦稱指數基金）。指數基金是選取特定的指數成份股作為投資的物件。

指數基金起源於美國，美國是指數基金的「群居地」，它所擁有的指數基金投資顧問是世界上最多的。美國推出第一隻指數基金的公司是先鋒集團，他們在 1975 年率先推出了先鋒 500 指數基金。伴隨指數基金的誕生，美國證券市場也掀起了一場聲勢浩大的投資業革命，眾多價格低廉的指數基金產品前赴後繼地加入到市場的競爭角逐當中，接受市場的考驗。

美國證券市場的指數基金已經超過了數百種。雖然如此，它的增長速度依然沒有絲毫的放緩跡象。在指數基金高速發展的推動下，終於誕生了最新也是最令人激動的指數基金產品——交易所指數基金。如今，隨著交易機制的日趨完善，美國已經囊括了所有品種在內的各種指數基金類型，如美國權益指數基金、美國行業指數基金、債券指數基金、全球和國際指數基金，另外，還有槓桿型、成長型和反向指數基金等。

窺一斑而知全豹，指數基金在美國的發展歷史，也同樣反映出它在整個國際投資市場的發展趨勢。而且，其所表現出來的投資優勢已經明顯地「今日不同往昔」了。

那麼，指數基金到底具有哪些優勢，才讓它如此「受寵」呢？

指數基金可以算得上是最便宜的基金，因為指數基金嚴格複製了追蹤指數的股票配置，所以基金經理參與操縱的成分相對而言就很少了。少了人為因素的干預，自然就能省下很多「咬虛名」的管理費用。

巴菲特在波克夏公司年度報告中曾寫到：「成本低廉的基金也許是過去30年最能幫投資者賺

錢的工具，但是大多數投資者卻經歷著從高峰到谷底的心路歷程，就是因為他們沒有選擇既省力又省錢的指數基金，其投資業績要麼非常普通，要麼非常糟糕。」對於投資者來說，低廉的投資成本非常具有誘惑力。

相對於種類繁多的各種主動型基金來說，指數基金更容易判斷，更容易選擇。每種指數基金的優勢和劣勢，透過指數的走勢可以一覽無餘，因此，普通股票型基金資訊就會被快速及時地「公之於眾」。

同時，不同指數的風格和走勢又暗含一定的規律，投資者只要清楚不同指數的特點，那麼選擇適合自己的指數基金也就得心應手多了，這就像根據自己的口味來挑食物一樣簡單。基金公司會定期地推出幾種不同「口味」的基金產品來俘獲投資者的胃口。

指數基金的特點是與指數的漲跌密切相關，這就決定了要將投資者帶入主動操作的角色當中，投資者必須根據自己對市場或者某個指數的判斷來把握投資方向。但是，對於某個指數的判斷比整個市場趨勢的判斷更難駕馭，所以，波段操作指數基金要承擔很大的投資風險。我們不妨結合週期性配置和長期配置來合理安排，這樣可以在很大程度上規避市場風險的矛頭。

指數基金通常會拿出95%的倉位去投資股票，這就避免了像主動型基金那樣在控制股票倉位的同時要犧牲掉很大一部分利潤的風險。所以，無論是在牛市還是熊市裡，高倉位的指數基金往往能創造最驕人的業績。這是投資者對它十分青睞的重要原因。

此外，指數基金的優良品質也是吸引投資者的一大「亮點」。指數基金因其自身不存在規模控制問題，因此不會出現像主動型基金暫停申購的現象。除去基金經理的個人影響力，投資者主動操作，這就等於給投資者吃了一顆「定心丸」。投資者常常會被指數基金執著如一的風格所感染，從而放心持有。

雖然誰都無法預測指數基金的未來命運，但到目前為止，它一直被投資者看好。

理財新思路：基金定投

一般來說，投資基金有兩種方式：單筆投資和定期定額。單筆投資指的是一次性投入全部資金來購買某種基金；「定期定額」指的是投資者在每月固定的時間以固定的金額投入到指定的開放式基金中，這種投資方式就是我們通常所說的「基金定投」。基金定投有點類似於零存整取的儲蓄業務，但在絕大多數情況下，基金定投所獲得的收益，要高於零存整取。

對於投資者來說，投資基金到底是選擇單筆投資方式還是定期定額方式呢？我們可以從四個方面來考慮。

資金條件：如果你的資金比較充裕，投資額較大，建議你選擇單筆投資的方式；如果資金不是很充足，則可以選擇基金定投的方式，聚沙成塔，積小資金為大財富。

市場情況：基金定投是利用股市下跌時多買，上漲時少買的策略，撫平市場波動，達到攤薄成本的功效。尤其是在股市出現連續陰跌的情況時，由於股價下跌，基金淨值走低，投資者每月固定的投資可以買到更多的基金份額，成本經過長時間攤薄後，未來淨值上升時，獲利自然就比較多。因此在股市出現振盪行情，或連續下跌的行情時，基金定投的效果要好於單筆投資。但如果股市出現單邊上漲的行情，那麼單筆投資效果就優於基金定投。

風險偏好：相對來說，單筆投資是一種比較激進的投資方式。如果投資者對於風險的承受能力較弱，對於掌握市場的高低點也沒有什麼經驗，那麼建議你選擇基金定投方式，每月固定地投入一筆資金，從而化解進場的時機風險。如果你屬於比較激進的投資者，風險承受能力比較強，則可選擇單筆投資，逢低入場，逢高獲利了結。

基金類型：並非所有的基金都適合定投，貨幣市場基金、債券型基金本身的波動風險就比較小，因此並不需要透過定期定額的方式，來攤薄長期投資的成本，因此債券型基金採用單筆方式投資比較好；而對於那些起伏較大的股票型基金或混合型基金，採取定期定額投入方式則比較合適。

那麼，到底那些人適合用基金定投的方式來理財呢？

首先，有固定收入的工薪階層。這類人群的固定收入在扣除日常生活開銷後，常常有所剩餘，但金額並不很大，這時小額的基金定投方式就非常適合。收入不穩定的投資者要慎重選擇定期定額投資，因為這種投資方式要求按月扣款，如果扣款日內投資者帳戶的資金餘額不足，即被視為違約，超過一定的違約次數，定期定額投資計劃將被強行終止。所以，收入不穩定的投資者最好還是採用一次性購買，或多次購買的方式來投資基金。

其次，經常加班，沒有時間休閒娛樂，更沒有時間打理自己資產的職場精英。定期定額投資只需一次約定，就能長期自動投資，不失為一種省時省事的投資方式。

第三，想投資但不想冒太大風險的穩健型投資者。定期定額投資有攤平投資成本的優點，能降低價格波動的風險，進而提升獲利的機會。

第四，對投資方式缺乏瞭解，缺少投資經驗和理財能力的人。基金定投不需要投資者研判市場大勢，和選擇最佳的入市時機。

第五，適合於在將來有較大資金需求的人。「手頭閒錢不多，卻要在未來應對大額支出」，這是很多人都會遇到的問題。比如年輕的父母為子女積攢未來的教育經費，中年人為自己的養老計劃存錢等。由於起點較低，可以積少成多，基金定投是這類人群的投資首選。在已知未來將有大額資金需要時，提前開始定期定額的小額投資，不但不會造成經濟上的負擔，還能讓每月的小錢在將來變成大錢。

第六，職場新人。基金定投有助於培養投資習慣，特別適合剛剛踏入社會、積蓄比較少、把投資當作「末位問題」來看的年輕人。定投不僅能為他們擱置起來的一些小錢找到出路，而且能幫助他們改變大手大腳的消費習慣。因為基金定投是規律投資，強制扣款，「月光族」可以將發薪後手頭寬裕的幾日設為撥款日，這樣基金定投就相當於強制儲蓄。

避開基金定投的錯誤

對於投資者來說，基金定投的最大好處是「小投資實現大收穫」。由於基金「定額定投」起點低、方法簡單，所以它也被稱為「小額投資計劃」或「懶人理財法」。

基金定投類似於長期儲蓄，不僅能積少成多，還能攤低投資成本，降低整體風險。這種投資方式具有自動逢低加碼，逢高減碼的功能，無論市場價格如何變化總能獲得一個比較低的平均成本，因此可以抹平基金淨值的高峰和低谷，消除市場的波動性。

在單邊上揚、單邊下跌、震盪上揚、震盪下跌4種典型的股市行情中，除在單邊上漲行情中定投的回報率比一次性投資略差外，其他各種類型的行情下，定投的收益都高於一次性投資。我們以單邊下跌為例，當基金淨值下跌的時候，雖然投資者的資產淨值也會隨著大市一起下跌，但由於基金定投是分段吸納，不僅在淨值下跌的時候可以讓你以較低的價格買入更多數量的基金，還可以減少已有投資的損失。

此外，基金定投還有一個好處——「紀律性」。很多投資者往往追逐基金以往的表現，在基金表現出色之後買入，在基金回報率下降的時候賣出，這其實是一種按市場時機選擇的波段操作。如果採取基金定投就可以避免這種波段操作，使你成為「守紀律」的投資人，從而避免盲目追捧熱門基金造成的投資失誤。

基金定投的錯誤

基金定投作為一種新興的理財方式，它不僅考慮了市場環境的因素，更重要的是考慮了個人及家庭諸多方面的因素，包括生活目標（買房買車）、財務需求（孩子教育和自己養老）、收入和支出（採用每月扣款的方式）。投資者可以根據自己的經濟狀況和家庭需求來選擇期限，從而更好地進行理財規劃。

需要提醒投資者的是，基金定投雖然好處多多，但僅瞭解它的優勢並不夠，還應該充分瞭解基金定投的錯誤，這樣才能夠在投資過程中儘量規避風險。

「遇跌暫停，見漲贖回」，這是很多投資者最常見的定投錯誤。我們不能用投資股票的心態來對待定投，基金定投首先必須堅持長期投資理念。有些投資者因為擔心損失，往往在基金淨值下跌時停止定投（甚至贖回）。其實大可不必如此，投資者只要堅持定投，就有機會在低位買到更多基金份額，長期堅持下來，平均成本自然會降低下來，最終獲得不錯的收益。也有一些投資者在定投一段時間之後，發現基金淨值上漲，擔心市場反轉而選擇了中途贖回，這樣的做法也是與其當初選擇定投的初衷相違背的。

事實上，我們參加基金定投的原因是由於個人沒有能力判斷市場漲跌，因此必須藉助定投來分享市場的平均收益。一旦因淨值上漲而贖回，就等於人為對股市漲跌進行了判斷，從而陷入了「短視投資「的陷阱，忽視了「購房、子女教育、養老「等預先規劃的理財目標。

此外，還有些投資者對基金類型和風險收益特徵缺乏瞭解，以為所有類型的基金都能夠定投。實際上，基金定投攤低成本、控制風險的特點不是對所有的基金都適合，比如債券型基金收益較穩定，一般波動不大，定投就沒有優勢。而股票型基金長期收益相對較高、波動較大，則比較適合定投。

基金定投貴在堅持

基金定投需要經過一段時間才能看出成效，最好能持續投資5年以上。從國外市場的經驗來看，如果能堅持10年以上，其虧損的概率幾乎為零。

基金定投最大的優勢在於它的複利效應。愛因斯坦曾經說過：「複利是世界第八大奇蹟。」從投資學角度看，資金經過長時間的複利，累積的效果非常明顯。有資料顯示，歐美以及日本股市的長期平均年報酬率均高於8%，成本均攤和時間累計可使投資者獲得十分可觀的投資回報。

只有堅定不移地持續定投才能享受長期複利帶來的豐厚回報。對基金定投來說，時間價值尤其重要。根據相關資料顯示，如果在1983年至2003年一直堅持定投美國股票型基金，那麼，這20年間的年平均收益率將達到10.3%，遠遠超過同期的美元存款利率。曾有這樣一個「化腐朽為神奇」的真實事例，在經歷了18年熊市的日本股市，臺灣一位名叫張夢翔的投資人，鍥而不捨地定投日本股票基金11年（1996年至2007年），最後竟賺取了年均19%的回報率。由此可見，只要長期堅持，基金定投一定會為你帶來豐厚的回報。

如何降低基金的購買成本

眾所周知，基金在中長期投資中顯示出來的優勢已經足以在投資市場穩佔一席之地。那麼在證券市場發展如火如荼、基金淨值水漲船高之時，假如不考慮基金的贖回，我們是否可以發掘到某些很好的辦法或者把握住某些很好的時機來申購到低成本的績優基金呢？下面就讓我們一起來瞭解一下。

1 長線投資，後端付費

投資者申購基金需要交納一定的手續費，付費方式通常有前端付費和後端付費兩種。前端付費指的是在購買開放式基金時就支付申購費的付費方式，前端付費的費率一般固定不變（營業網點為0.8%，網上費率為0.6%）；後端付費指的是在購買開放式基金時並不支付申購費，等到賣出時才支付的付費方式，後端付費的費率與基金的持有時間有很大關係（低於一年費率1.80%，1~2年費率1.2%，2~3年0.6%，3年以上則不收費用）。如果是超過3年以上的長線投資，選擇後端付費的方式，將有利於節約交易成本。

有些投資者不太關心基金投資的手續費，認為無關痛癢。從短期來看，後端付費與前端付費的到期收益差別不大。但從長期來看，則差異非常明顯，持有基金的時間越長，交易成本對總收益率影響越大。本傑明．富蘭克林曾說：「不要小看一點點的費用，滲漏的水滴足以淹沒整艘船隻！」因此，交易成本的高低對長期收益的影響不可忽視。

2 基金轉換，收益更高

很多基金公司都可以根據投資者的意願，在股票型基金和債券型基金之間進行產品轉換，這樣不僅節省時間（透過銀行，基金到帳要3到7個工作日），費用較重新申購也要低很多。投資人只需支付轉出基金和轉入基金的轉換費率差，就可以從股票型基金轉為債券型基金，或由債券型基金轉為股票型基金。透過在各種類型基金之間的合理轉換，可以有效地提高基金的投資收益。

例如：2007年股市行情火爆的時候，股票型基金收益非常高，但是進入2008年後，股市行情一路下滑，如果及時將股票型基金轉為債券型基金，則不僅可以避免資產縮水，甚至可以獲得額外收益。由此我們可以看出，巧妙地利用基金轉換，不僅節省申購時間和交易成本，還可以減少損失，增加收益。如此一舉兩得的美事，何樂而不為？

3 網銀申購，省時省錢

基於2008年熊市市場留下的「後遺症」，很多的投資人投資基金的態度由爭相購買轉為冷眼旁觀。銀行和基金公司終於「按捺不住」，紛紛推出網路銀行申購費率打折，一時之間，各種基金「促銷」廣告鋪天蓋地地襲來。

如果你是有先見之明的投資者，就絕對不能錯失良機，因為你不但可以足不出戶就能申購到便宜的基金，更重要的是你可以透過網路銀行，購買到你所選擇的各種類型的基金。不管是穩健型固定收益的基金，還是激進型的成長類基金，都能如你所願。

4 紅利再投，提高收益

一般而言，現金紅利和紅利再投資是投資者可以選擇的兩種基金分紅方式。基金公司對於紅利再投資似乎格外的寬宏大量，不收取任何申購費用，紅利部分會按照紅利派現日的每單位基金淨值轉化為基金份額，自動劃到投資人的帳戶。這樣，再投資的申購費用就可以節省下來，而且投資的實際收益也會增長。

5 連續追蹤，分享收益或攤低成本

無論在哪種行情下，連續追蹤，分批買入，都不失為一種理性的投資方式。牛市時，一旦基金淨值回撥，就不要再「視其變，靜觀之」，而要果斷地抓住每一次「入圍」機會，分享牛市帶來的獲利機會；熊市時，分批購入，則可以攤低你前期的投資成本，從而使投資者在行情轉好時，獲得更多的投資收益。

就像我們日常購物一樣，有的人花很少的錢就可以買到物美價廉的好東西，而有的人花比別人多幾倍的錢卻只能買到很一般的東西。會花錢的人才會省錢，不會花錢的人則經常花冤枉錢。其實，當你尋找各種降低成本的方法來購買基金時，就已經開始在賺錢了。

基金，在什麼時候賣掉

投資市場詭譎多變，難以把握。當你買入並持有基金一段時間以後，也並不能說明你可以高枕無憂了。也許，在後期階段，會有很多不如人意的狀況接踵而至，比如，基金公司投資失敗，業績滑坡，基金經理離職等等，這樣的話，你就不得不考慮將手中的基金賣掉了。

相信每一個投資者都不會心甘情願地將錢扔給股市，他們在投資時自己的心裡都有一桿秤，那就是要實現一個怎樣的財務目標。一旦目標發生變化，對投資做出相應的調整也就勢在必行。

打個比方：你的工作現在已經穩定，照這個趨勢發展下去的話，你想在5年之內買一套房子，因此就將閒置的資金全都用於購買債券基金。但是，計劃總是不如變化快，你還未能購置房產之前，你結婚了，並且女方擁有房產，因此，你就打算將這筆錢用於兩人以後的養老。這時，因為用錢的時間無限期的被拖延了，所以你就大可賣掉債券型基金，改買股票型基金或指數型基金。

通常，財務目標越近，債券在基金的投資組合中所佔的比重也應該越多。只有這樣，在短期內賣掉基金，才不至於因淨值有太大的下跌而蒙受損失。

還有一種情況是你的投資目標沒有發生變化，資產配置計劃也沒有改變，但你仍然需要對投資組合做出某些調整。

比如，你的股票型基金在既定的年度內總是原地踏步，甚至大有「回頭」趨勢。那麼你應該好好清理一下你的「基金箱」了，保留那些業績良好的基金，而將那些寸步難行，業績落後的基金賣掉，這樣不僅可以達到投資組合的完美平衡，也在無形中為資產注入了更多的活力。

當然也有基金表現得出乎意料的好。但是，投資者對此需要謹慎，千萬不要被假象所迷惑，以為你時來運轉了，要知道過高的業績後面往往是巨大的隱患，與其到時候看著希望變成泡沫，還不如及早考慮將其賣掉，落袋為安。

有時候，為了增加個人投資組合中小盤成長型股票基金的頭寸，投資者可以考慮買進這類基金。但是由於某種原因，大盤價值型股票基金的表現一直非常穩健，其倉位持續增加，最終導致你的個人投資組合完全被大盤價值型股票基金的寸頭所「霸佔」。此時，為了使當初的投資組合設計不被破壞，你需要果斷地賣掉一部分大盤價值型股票基金。

有些情況我們「見風轉舵」可以解決，但有些問題如果在當初購買時就已經潛伏，而你又沒有及時發現，那麼一旦發現後就必須馬上改正錯誤，這樣或許還能「亡羊補牢，為時未晚」。

就像買一件衣服一樣，或許當時沒有覺得不合適，但回到家以後左比右比就是覺得不是自己的菜，這時候你就可以退換。同樣，投資時該「退貨」也得「退貨」。舉個例子：你當初對基本面判斷有誤，稀裡糊塗地購買了某種看似風格穩妥、偏向於藍籌股的基金。但你很快就發現，該基金頻頻顯示出「凶兆」——因為投資激進，大量高科技股票氾濫其中，導致其業績大幅度地波動。此時，不要寄希望於基金經理們回頭關注藍籌股，因為你根本無法知道這樣的事情何年何月才會發生。你要做的就是馬上將其轉換成其他的基金。這樣，你才能最大限度地保住你的果實。

有時候「捨得」也是一種智慧，你賣掉的是看得見的基金，收穫的卻是看不見的價值。

第七章「金邊債券」──國債

債券的「五臟六腑」

通常來說，債券的主要構成包括：期限、面值、價格、利率、收益率和償還方式等。

1 期限

從名字來看，期限所代表的肯定是一個時間段，而這個時間段的起點一般來說指的是債券的發行時間，終點一般會在債券上標明，即為償還日期。不要小瞧這個時間段，它的長短將直接決定你收回本錢的早晚，同時它還和利率一起直接影響著你所得的利息。當利率在不發生變化的情況之下，期限的長短直接決定利息的多少。

2 面值

債券的面值是指債券的票面價值，是發行人對債券持有人在債券到期後應償還的本金數額，也是企業向債券持有人按期支付利息的計算依據。債券的面值與債券實際的發行價格並不一定是一致的，發行價格大於面值稱為溢價發行，小於面值稱為折價發行。

3 價格

債券的價格有兩種表現形式，一種是債券的發行價格，另一種是債券的轉讓價格。一般債券第一次發行時會包括平價發行、溢價發行和折價發行幾種情況，所以債券的出售價格就有可能跟它的面值不相符。但是無論債券以何種情況發行，只要是它第一次在市場上發售的價格，就被認定為這是債券的發行價格。

債券作為一種金融工具，它是可以在市場上進行流通的。在債券的流透過程中，它會像其他的普通商品一樣出現價格波動的情況。這些在流透過程中出現的不定價格，就是債券的轉讓價格。一般來說，債券的發行價格是由政府或者其他發行機構規定的，但是它的轉讓價格則是不定的。債券的轉讓價格從理論上講是由面值、收益和供求關係等因素來共同決定的。

4 利率

這裡講的利率指的是債券的票面利率，它是發行人承諾以後一定時期支付給債券持有人報酬的計算標準，通常會在債券票面上直接標明。債券票面利率的確定主要受到銀行利率、發行者的資信狀況、償還期限和利息計算方法以及發行時資金市場上資金供求情況等因素的影響。

用面值乘以利率，就可計算出到期應得的利息。利息的支付有一次性支付、按年支付、半年支付一次和按季付息等幾種形式。你所持的債券屬於哪種支付形式，一般會在債券的票面上標明。

5 收益率

債券收益率是指債券收益與投入本金的比率。也許有人會認為收益率跟利率是一樣的，其實不然。債券投資的收益並不僅僅只有利息收入，在債券發行的過程中，發行價格和面額之間可能會存在差價，這樣你可能就會因此獲得額外的收益。另外，債券持有人在債券到期之前可以在市場上進行買賣，賺取差價，因此，債券收益除利息收入外，還應包括買賣盈虧差價。由此可見，投資收益並不等同於利息收入，收益率也不等同於利率。

債券收益率的高低主要由票面利率、期限、面值和購買價格等因素決定。

6 償還方式

債券償還的方式主要有：到期一次性償還、提前償還和延期償還。由於債券利息可能在到期之前已經全部或部分支付，因此，這裡所說的償還主要是指償還本金。在這三種償還方式中，到期一次性償還最為普遍，其次是提前償還，而延期償還則比較少見。

債券有哪些投資風險

債券投資的風險雖然比股票和基金要小很多，但它同樣存在風險。這些風險就像一個個隱形「殺手」一樣，死死盯住你的財富。想要避開這些「殺手」的襲擾，首先必須先瞭解它們，當你清楚了債券都有哪些風險以後，你就能很輕鬆地應對來自它們的威脅了。

1 利率風險

因為利率的變動導致債券價格變動，最終影響收益率，這就是利率風險。除了浮動利率債券與保值債券，大多數債券的票面利率不會輕易變動，因為債券是一種法律上的契約。隨著市場利率的上升，債券的價格會不斷下跌，這個時候，作為債券持有者的你，資產就會跟著「縮水」。因此，建議你在購買債券時，儘量購買離到期日短的債券，否則你就要面臨更多的利率風險。

2 購買力風險

這裡所講的購買力是指單位貨幣所能購得的商品（或服務）數量。對購買力影響最大的市場因素是通貨膨脹。通貨膨脹越高，貨幣幣值的下降就越快，隨之而來的就是購買力的直線下降。對於投資者來說，由於債券到期時發行人向持有人支付的是貨幣（而非實物），所以，如果貨幣的購買力下降，就會造成投資者實際利益的減少。這種情況對發行債券的一方極為有利，而對購買債券的一方十分不利。

3 信用風險

由於債券不僅僅是由政府發行，企業也會發行債券。但企業的信用度無法與政府相提並論，在面臨危機的時候，有些企業未必能完全履行債券上的責任，所以債券也會存在一定的信用風險。一旦企業有「垮臺」的跡象，則其發行的債券就會被大量拋售，跟著就是股票的下跌，因此，投資者對企業債券的信用風險要有防範意識。

4 回收風險

有些債券在發行時就明文規定，發行方因為某些特殊原因可以提前收回債券，這就會導致對債權人不利，而對債務人有利，債券被債務人強行收回的情形出現。債券發行人一般都會趁著市場利率低於債券利率的時候，提前收回債券，而當市場利率高於債券利率時，債券發行人一般不會這麼做。因此，債券被提前收回也是債券投資的潛在風險之一。

除了以上所說的四種風險會威脅債券投資人的利益外，還有很多其他因素也會促成債券風險的加劇，比如稅率的調整、匯率的變化、政策的變更等。另外，一些突發事件也有可能影響到債券的安全。

所以，作為投資者和債權人，你要時刻小心提防債券風險所帶來的各種威脅。

國債的「家族成員」們

國債，又稱政府公債，是中央政府為籌集財政資金而發行的一種政府債券。它是中央政府向投資者出具的、承諾在一定時期支付利息和到期償還本金的債權債務憑證。由於國債的發行主體是國家，所以它具有最高的信用等級，被公認為是最安全的投資工具，有「金邊債券」的美譽。

中央政府發行國債的目的往往是彌補國家財政赤字，或者為一些耗資巨大的建設項目以及某些特殊經濟政策乃至為戰爭籌措資金（日本就曾經這麼幹過）。由於國債以中央政府的稅收作為還本付息的保證，因此風險小，流動性強，利率也較其他債券略低。

國債專指財政部代表中央政府發行的國家公債。由於國債種類繁多，如果不是專業人士，你很難將它們一一認識。下面我們就來看看國債「家族」到底都有哪些「成員」。

按照借貸方式不同，國債可分為國家債券和國家借款；按償還期限的不同，可分為定期國債和不定期國債；按發行地域不同，可分為國家內債和國家外債。按發行性質不同，可分為自由國債和強制國債；按使用用途不同，可分為赤字國債、建設國債和特種國債；按是否可以流通，可分為上市國債和不上市國債。

從投資理財的角度來看，人們一般都習慣於根據債券的外在表現形式，將它們分為無記名（實物）國債、憑證式國債和記帳式國債三種。

無記名（實物）國債

這種國債是以實物券形式出現的，又被稱作實物券或國庫券。無記名國債的票面上不記載關於債權人的任何資訊，到期後債券持有人憑實物券一次性領取本息。無記名國債的到期兌付，由財政部門的國債服務部、各銀行的營業點以及國債經營機構的營業點負責辦理無記名國庫券具有不記名、不掛失、利率固定、購買手續簡便、可以上市流通等特點。所以，雖然無記名式國庫券在安全性方面比不上憑證式國庫券和記帳式國庫券，但由於它所具有的可以隨時轉讓及便於攜帶的特點，使得這種國債流通很是方便。

無記名國債的交易一般是採取一對一的櫃檯交易或私人交易形式，缺乏集中統一的競價交易系統，其轉讓價格隨著市場的供求狀況隨時會發生改變，價格波動比較大，而且容易被人為操縱，因此這種國債除了具有獲取較大利潤的機會外，也具有比其他國債高出很多的買賣風險。

憑證式的國債

這種國債是一種不印刷實物券，而用填制國庫券收款憑證的方式發行的國債。憑證式國債對以儲蓄為目的的個人投資者來說，是一種比較理想的投資理財方式。投資者可以透過各銀行儲蓄網點和財政部門國債服務部進行購買，自購買之日起開始計算利息。這種國債的優點是可記名，可掛失、利率固定，安全性比無記名國債要高出很多，但缺點是不能上市流通。

憑證式國債雖然不能上市交易流通，但投資者遇到緊急情況時可以到經辦銀行提前兌取。提前兌取時，除了全額償還本金外，還有按照實際持有天數以及相應的利率檔次計付的利息，經辦機構只收取本金的千分之一作為手續費。經辦銀行可以二次賣出提前兌取的憑證式國債。

憑證式國債是一種集國債和儲蓄於一體的投資品種，具有類似於儲蓄、又優於儲蓄的特點（其利率比銀行同期存款高出1-2個百分點），因而又被稱為「儲蓄式國債」。

紙質憑證式國債，其票面形式與銀行的定期存單非常相像，但是利率比同期的銀行存款利率高出不少。電子記帳憑證式國債，以電子記帳形式取代紙質憑證用於記錄債權。紙質憑證式國債與電子記帳憑證式國債的區別在於：

1. 申請購買手續不同。購買紙質憑證式國債，投資者可直接填寫申請辦理；購買電子記帳憑證式國債，投資者需先在銀行開立債券帳戶和資金帳戶，並填寫購買申請後辦理。
2. 債權記錄方式不同。紙質憑證式國債採取填制「中華民國憑證式國債收款憑證」的形式記錄，由各承銷團成員分支機構進行管理；電子記帳憑證式國債債權採取二級託管體制，由各承辦銀行總行和和中央國債登記結算有限責任公司以電子記錄管理。
3. 到期兌付方式不同。在國債利息計付方面，紙質憑證式國債到期後，需投資者前往承銷機構網點辦理兌付事宜，逾期不加計利息。而電子記帳憑證式國債到期後，銀行會自動將持有人應得的本金和利息轉達入其預先開設或指定的資金帳戶，轉入資金帳戶的本息資金將作為居民存款，由銀行按活期存款計付利息。

記帳式國債

記帳式國債又稱無紙化國債，是由財政部透過無紙化方式發行的、以電腦記帳方式記錄債權，並可以上市交易的債券。

記帳式國債的發行分為交易所市場發行、銀行間債券市場發行以及同時在銀行間債券市場和交易所市場發行（又稱為跨市場發行）三種形式。通常來說，只有交易所市場發行和跨市場發行的記帳式國債，個人投資者才可以購買；而銀行間債券市場發行的則是針對機構投資者的。因此，並不是所有的記帳式國債個人投資者都可以購買。

如果你想要購買記帳式國債，就必須先到證券交易所開設證券交易帳戶。購買國債時，證券公司不會提供任何實物或紙質單據給你，而是在你的債券帳戶上記上一筆。

由於記帳式國債可以上市流通，其價格完全由市場供求及市場利率決定，當市場預期利率上升時國債價格會下降，市場預期利率下降時國債價格則上升。如果投資者在低價位購得記帳式國債，既享受了價差又享受了國債的高利率。比較而言，記帳式國債更加靈活，價格強勢時可以賺價差，價格弱勢時，可以像憑證式國債一樣持有到期，享受利息，可以說是「進可攻，退可守」。

無論是哪一種國債，它們都具有低風險、高收益、安全性好、信用度高的特點，而且其利率均高於同期同檔次的銀行儲蓄。此外，免徵利息稅也是國債吸引投資者眼球的一大亮點。

憑證式國債VS記帳式國債

一直以來，國債之所以能在投資者個人資產組合籃子中佔有一定的比重，除了它的收益率比銀行儲蓄高，更重要的原因在於國債是由中央政府發行，由國家信用作擔保，因而非常安全可靠。但是從市場行情來看，憑證式國債似乎更受投資者的追捧，而記帳式國債的人氣則相對差一些，投資者緣何如此青睞憑證式國債，難道憑證式國債真的比記帳式國債有優勢嗎？

憑證式國債，是以國債收款憑單的形式來作為債權證明——不是債權發行人指定的標準格式的債券，而是債權人認購債券的一種收款憑證。透過銀行發行憑證式國債，券面上不顯示票面金額，由認購者自行填寫，認購者根據自己的情況填寫實際的繳款金額。以「憑證式國債收款憑證」記錄債券，不可上市流通。

投資者購買憑證式國債需持款到擁有發行資格的銀行網點購買。發行網點填制憑證式國債收款憑單，需要填寫的內容包括購買日期、購買人姓名、購買券種、身份證件號碼、購買金額等，填完後交給購買者。當天購買，當天計息。

相比於憑證式國債，投資者購買記帳式國債時，經辦機構不會像發行憑證式國債那樣提供任何實物、紙質單據給購買者，它會在帳戶上記錄債權人的姓名、金額等事項，然後以帳簿方式發行。在現代金融條件下多以電子帳戶為依託，因此就免去了印刷、運輸、保管券面等程式，所以具有發行成本較低、效率較高的特點。

現在，利用證券交易所的交易系統來發行債券已經非常普遍。交易所都已陸續建立為證券投資者服務的電子證券帳戶。如果投資者打算進行記帳式債券的買賣，就必須先到證券交易所開設證券帳戶。

記帳式國債與憑證式國債到底有哪些不同之處呢？

1 發行物件不同

憑證式國債主要針對個人投資者發行；記帳式國債的發行物件既包括個人投資者，也包括機構投資者，其中透過銀行間債券市場發行的記帳式國債主要針對機構投資者，只有透過交易所市場發行的和跨市場發行（即銀行間債券市場和交易所市場同時發行）的記帳式國債，個人投資者才可以購買。

2 開戶方式不同

投資者購買記帳式國債必須在證券交易所開設證券帳戶，購買電子憑證式國債則需要在銀行開設債券帳戶（購買紙質憑證式國債不需開設帳戶，可以直接用現金購買）。

3 記錄債券方式不同

記帳式國債透過證券交易所債券託管系統記錄債權；而電子憑證式國債則由各承辦銀行總行和和中央國債登記結算有限責任公司以電子記錄管理。

4 票面利率確定機制不同

記帳式國債的票面利率是由國債承購包銷團成員投標確定的；憑證式國債的利率是財政部和中央銀行，參照同期銀行存款利率及市場供求情況等因素確定的。

5 計息方式不同

憑證式國債是一種儲蓄性質的債券，到期一次還本付息，不計複利。而記帳式國債則是每年（或每半年）支付一次利息，到期支付最後1年（或半年）的利息及本金。由於記帳式國債是複利計息，這對於長期國債來說，是一筆不小的投資收益。

6 流通或變現方式不同

記帳式國債可以上市流通，能隨時變現；憑證式國債不可以上市流通，但可以提前兌取。

7 到期前賣出收益預知程度不同

記帳式國債的市場價格是由市場供求決定的，買賣價格（淨價）有可能高於或低於發行面值。當賣出價格高於買入價格時，表明賣出者不僅獲得了持有期間的國債利息，同時還獲得了部分價差收益，當賣出價格低於買入價格時，表明賣出者雖然獲得了持有期間的國債利息，但同時也付出了部分價差損失。因此，投資者購買記帳式國債於到期前賣出，其收益是不能提前預知的。

憑證式國債在發行時就將持有不同時間提前兌取的分檔利率做了規定，投資者提前兌取憑證式國債，按其實際持有時間及相應的利率檔次計付利息。也就是說，投資者提前兌取憑證式國債所能獲得的收益是提前預知的，不會隨市場利率的變動而變動。

如何進行國債投資

國債作為一種「防守型」理財產品，具備長期性、低風險等諸多優勢，在股票、基金等投資市場信心不足的時候，投資者不妨將適合自己的國債品種納入投資組合。

市場上比較常見的與個人投資相關的國債品種主要是憑證式國債和記帳式國債。那麼，投資者應該如何選擇呢？理財專家建議，可以從類型、期限和渠道三方面來綜合考慮。

一、選類型

從以往國債發行的情況看，憑證式國債（包括紙質憑證式國債和電子記帳憑證式國債）最為投資者熟悉和認可，這種國債到期後一次性還本付息。發行頻率最高的記帳式國債反而是普通投資者參與較少的品種。實際上，記帳式國債除了在發行期間可以到商業銀行購買，還可以在上市後透過證券市場購買，其收益來自於兩個方面，一是持續到期後的票面利息，二是證券市場的買賣價差。

無論是憑證式國債還是記帳式國債，只要持有到期，都會獲得票面利率，不會出現虧損。但憑證式國債收益相對穩定，票面利率肯定高於同期存款利率，收益比較穩定，非常適合中老年投資者購買。當然，年輕投資者也可透過該品種進行低風險資產配置。

記帳式國債的票面利率根據招投標時的市場情況確定，在上市之初和到期之前市場價格會有波動，存在一定的獲利空間（但如果市場價格下跌，也會出現帳面虧損）。因此，記帳式國債比較適合年輕投資者購買。

二、選期限

國債的期限長短不一，長期、中期、短期各種年限都有，最短的3個月，最長的30年。從市場品種來看，憑證式國債以3年期為主，記帳式國債則期限跨度較大。

在挑選國債投資期限時，首先要瞭解不同國債類型的流動性特點。記帳式國債因為可以上市交易，投資年限對流動性的影響不大。而憑證式國債的流動性較差，不可以上市交易，購買後如果需要變現，可到原購買網點提前兌取，但不能獲得票面利率，而是根據實際持有天數按相應利率計付利息。憑證式國債提前支取要收取本金千分之一的手續費。這樣一來，如果投資者在發行期內提前支取，不但得不到利息，還要付出千分之一的手續費；在半年內提前支取，其利息也少於活期存款利率。因此，對於自己的資金使用時間不確定的投資者，最好不要買憑證式國債，不要因提前支取而損失了錢財。

在加息預期下，保守投資者購買債券宜短不宜長，一旦升息，之前投資的債券其原本擁有的利率優勢會減小，甚至會產生利差倒掛的現象，期限越長的債券，因利差變動所造成的損失往往會更大一些。但如果對通脹情況較為樂觀（加息可能性不大），則可以適當配置一些長期國債。

三、選通路

銀行和證券公司是投資者購買國債的主要通路，但證券公司僅限於記帳式國債的買賣，銀行是憑證式國債發行的主要通路，同時發行記帳式國債。

有一定證券投資經驗的投資者可以透過證券帳戶進行記帳式國債的買賣；普通投資者還是應該選擇傳統的銀行通路購買國債，一是銀行網點資源較為豐富，二是可以向銀行專業人士進行諮詢。投資者如果開通了電子銀行通路，只要再註冊網銀帳戶，就可以進行國債的買賣了，非常方便。

總體來說，憑證式國債的利率要高於銀行存款利率且利率固定，而記帳式國債的利率則低於同期的銀行存款年利率並且對市場變動比較敏感。因此我們的建議是：保守型的投資者比如老年人可考慮購買憑證式國債，風險承受能力較強的年輕人，則可考慮購買記帳式國債。

第八章 以小博大的理財妙招——期貨

四兩也能撥千斤？

期貨是什麼？為什麼用「四兩撥千斤」來形容呢？讓我們先來看一下期貨在百度百科裡的解釋：期貨與現貨相對，是現在進行買賣，但在將來進行交收或交割的標的物，它可以是某種商品，例如黃金、原油、農產品，也可以是金融工具，還可以是金融指標。交收期貨的日子可以是一星期之後，一個月之後，三個月之後，甚至一年之後。買賣期貨的合約或者協議叫做期貨合約。買賣期貨的場所叫做期貨市場。投資者可以對期貨進行投資或投機。

在期貨交易裡，你只需交5%—10%的保證金就能操縱數倍甚至數十倍的貨物合約交易，產生以小博大的效果，一個成功的投資者能把一筆不多的錢變成令人羨慕的一大筆錢，但在市場上，也許你經常聽到是期貨難賺錢之類的抱怨，甚至自己也認為期貨根本賺不了什麼大錢。

難道真是如此嗎？那就讓我們來驗證一下。

如果現在給你400美元，你覺得這400美元能做什麼？如果叫你拿這400美元去從事期貨交易，你覺得賺錢的可能性會有多大？大多數人可能都認為賺錢的可能性幾乎為零。但是美國的理查·丹尼斯卻可以把這400美元奇蹟般的變成2億美元。這個傳奇性的故事在期貨界早已流傳……

在上世紀60年代末的美國，當時的理查·丹尼斯還不滿20歲，在期貨交易所擔任場內跑單手，每星期的薪資僅40美元。在交易所幹了兩、三年後，他覺得時機已成熟，於是拿著從朋友處借來的1600美元，決定親自進軍期貨市場，一展身手。隨後他就花了1200美元在芝加哥買了一個「美中交易所」的席位，最後只剩下400美元作為交易本金。也就是這400美元，成就了丹尼斯後來的傳奇。

理查．丹尼斯並不是天生就擅長做期貨。開始的時候，他做得也不順，總是賺少賠多，一個月的薪資一個小時不到就賠光了。到了1970年，正趕上玉米鬧蟲災，他將目光瞄準了此契機，很快就把400美元滾成了3000美元。原本剛上大學的他，上了不到一週的課就決定退學，專職去做期貨。有一次，因為一張臭單子，他一下子賠了300美元，一氣之下掉轉方向又進了一張單，但很快又把保證金賠掉了。氣極之下，他再次掉轉方向下單，就這麼幾次折騰下來，一天之內他就賠掉了三分之一的本金。這次失敗給了他很深刻的教訓。在經歷了之後的大起大落後，他吸取了經驗教訓，掌握了期貨交易的節奏：當賠錢傷心時，就趕快砍單離場，讓自己暫停休息，出去散散步或乾脆回家睡一覺。以免受不良情緒影響而作出錯誤的決定。再也不一遇虧損就胡亂進單或著急撈本。

1973年，大豆期貨行情飆升，價格衝破四美元大關，當時大多數人都認為這次大豆將像往常一樣在400美分上方回落，於是都在近年的最高位410美分左右放空單，但理查．丹尼斯卻遵循追隨趨勢的交易原則，順勢買入，使得大豆勢如破竹般，一連十天漲停板，價格飛升了三倍，四五個月後，竟然達到了1297美分的高峰。這次的理查．丹尼斯可是狠賺了一大筆，以致他才有了足夠的資金遷移到了芝加哥商品期貨交易所。隨後，理查．丹尼斯的事業越做越順、越來越大，使交易本金從最初的400美元提升到了2億美元，創造了期貨界的奇蹟。

從理查·丹尼斯的故事中我們可以看出，丹尼斯能成為期貨交易的傳奇人物，並非是天賦異稟，他成功的關鍵在於經常審視反省，善於從實踐中總結經驗教訓。他所有的知識和經驗都是從市場的實踐中而來。很多人在做期貨交易的過程中，賠了錢就心灰意冷，賺了錢就興高采烈，很少冷靜下來反省一下自己為什麼會賠，為什麼會賺。無論在什麼行業，想要賺錢，最起碼要懂得相關的基本常識和相應的投資技能。那些業內高手，統統都是在掌握了專業的知識、預測的技能和交易的經驗後，在計劃的定製、風險的控制和不斷的跌宕起伏中，依靠良好的心態，最終賺取了大量的財富。對於普通投資者來說，一沒紮實的專業基礎，二沒豐富的實踐經驗，三沒良好的心理素質，整天就只想著賺大錢，不知反省又怎麼會賺大呢。

就像著名的古希臘學家蘇格拉底所說：「未經審視的生活是沒有意義的」。做期貨交易也是同樣的道理，我們要像理查·丹尼斯那樣學會反思，找出失敗的原因所在，冷靜思考總結。日積月累下來，你也會形成一套屬於自己的期貨交易方法，也能做到「四兩撥千斤」。

期貨是這樣轉起來的

期貨作為一種很古老的投資工具，最初是由現貨的遠期交易發展而來。1571 年，英國倫敦開設了世界上最早的商品遠期合約交易所——皇家交易所。在很長一段時間裡，期貨一直都被股票以及後來的基金的風頭所掩蓋。近年來，隨著現代金融業的高速發展，期貨投資漸漸進入了廣大投資者的視線。

那麼，作為一種投資手段，它到底是如何運轉和操作的呢？

期貨交易與現貨交易最大的區別在於，現貨交易裡買賣的是具體的實物，而期貨交易裡買賣的則是合約。進行期貨投資的人分為兩種：套期保值者和投機者。

套期保值者投資期貨的目的在於保住現貨的價值，在現貨市場買進或賣出商品的同時，也在期貨市場賣出或買進相同數量的同種商品（反向操作）。因為期貨買賣的是已定好的合約，所以商品的價格在合約規定的期限內是不會隨市場波動而改變的。進而無論現貨市場價格怎麼波動，都不會影響期貨交易裡買賣的商品價格。最終的結果就是在一個市場上虧損則另一個市場盈利，且盈虧的金額也大致相同，盈虧相抵，也就達到了保住商品價值的目的。

而投機者的目的是以獲取價差來賺得收益。投機者根據自己對期貨價格走勢的判斷，買進賣出，如果他的判斷與市場價格走勢一致，那麼在他平倉出局後就可獲取利潤；如果判斷失誤，與市場價格走勢相反，那麼平倉出局後他就會遭受損失。

由此可見，期貨的本質，其實就是與別人簽訂一份遠期買賣商品的合約，以達到保值或賺錢的目的。

了解了期貨交易的本質，我們再來瞭解一下期貨交易的主要流程。

1 選定期貨經紀公司

在開戶之前，要選擇一個正規合法、運作規範、資金安全、收費合理、信譽好的期貨經紀公司，選定之後再去申請開戶。

2 申請開戶

首先，你將閱讀一份標準的「期貨風險揭示書」，在你完全理解揭示書上的內容後，簽上你的名字。

其次，期貨公司將會讓你簽《期貨經紀合約》，一式兩份。合約的大致內容就是期貨公司與投資者之間的權利和義務。在簽字之前，你一定要仔細閱讀並理解清楚合約裡的內容。你還可以根據自己的情況，與期貨經紀公司作一些特殊的約定。

最後，填寫「期貨交易登記表」，內容是有關你個人的一些基本資訊。填好後由經紀公司提交給交易所，為你開期貨交易客戶碼。

3 交易指令的下達與執行

因為期貨價格變動頻繁，所以你必須抓住時機向經紀公司下達交易指令，並且讓該指令在最短的時間內執行。

下達時，你要先填寫交易指令，在委託指令上寫明你的名稱、交易商品名稱、買賣價格、客戶程式碼、合約到期月份、買進或賣出的數量、執行方式、下單日期。你下達指令之後，經紀公司報單員就電話告知期貨交易所，委托出市代表。再由出市代表立即將你的指令輸入交易系統，參與競價交易。指令執行後，交易所場內的交易終端就會立即顯示成交結果，出市代表電話通知報單員，報單員再通知你。也有些期貨經紀公司安裝了遠端交易席位，你就可以坐在經紀公司的遠端交易終端前，自己下單交易，跳過報單員和場內出市代表，把指令就直接下達到交易所的交易系統。

4 競價撮合成交，成交回報與確認

當出市代表收到你的交易指令後，其就會以最快的速度將指令輸入電腦，進行撮合成交。然後再由你對交易結算單進行確認。

5 結算

結算即交易所按當日結算價對結算會員結算所有合約的盈虧、交易保證金及手續費、稅金等費用，對應收應付的款項實行淨額一次劃轉，相應增加或減少結算準備金。其中有四項是最基本的計算，即保證金計算、權益計算、盈虧計算和資金餘額。

6 平倉和交割

平倉是指期貨交易者買入或者賣出與其所持期貨合約的品種、數量及交割月份相同但交易方向相反的期貨合約，了結期貨交易的行為。通常情況下，絕大多數的期貨投資者都會選擇在最終交割日到來之前平倉。如果投資者的保證金不足，期貨經紀公司也會對該投資者的持倉實施部分或全部強制平倉，直至留存的保證金符合規定的要求。

交割是指期貨合約到期時，根據期貨交易所的規則和程式，交易雙方透過該期貨合約所載商品所有權的轉移，了結到期未平倉合約的過程。不過，個人投資者一般都不會選擇實物交割，而會在交割日到來之前進行平倉。

期貨投資基本就是透過上述六個步驟來實現運轉。但只要是投資，就會有風險存在，有賺就有賠。在了解了這些相關基本常識後，我們要保持一個清醒良好的心態，找到適合自己的期貨投資方法，才能地實現保值賺錢的目的。

你該這樣投資期貨

期貨交易，很久以來一直被認為是有錢人才玩的投資遊戲，普通投資者既沒有高額的本金，又缺乏期貨投資的經驗，很難從中賺到錢。的確，期貨投資無論是資金還是風險，要求都相對比較高。普通投資者畢竟資金少，防禦風險能力差，雖然投入大量的時間和精力，但結果常常是鎩羽而歸。難道期貨市場真的不適合普通投資者嗎？當然不是。那麼，作為普通投資者的你，該怎樣投資才能從中獲利呢？

一、控制交易風險

風險無處不在，有效控制交易風險是期貨投資獲利的前提與基礎，也是需要遵循的最重要原則之一。對普通投資者而言，要想做到有效控制風險，首先要樹立風險意識，著重注意規避以下幾種風險：

1. 政策性風險。在期貨的投資過程中，有些風險不是來源於市場本身，而是由於宏觀經濟政策發生變化，而商品的現貨及期貨價格的走勢必然會受到這些政策的影響。所以，當你在操作過程中，發現期或市場價格與商品價值相差嚴重時，一定要謹慎入市，切勿盲目追漲殺跌。

2. 預測性風險。想要規避這種風險，就要做到：從客觀出發，依據行情做單；在量、價、持倉配合較好的情況下，順勢而為，不可逆勢做單；萬一預測失誤，要保持冷靜，及時亡羊補牢，採取離場觀望、反向追單或止損的方式。

3. 操作性風險。為避免此類風險，就要在操作時注意：（1）期貨價格不等於現貨價格，多空雙方的力量是決定期貨價格的因素；（2）保證金的約束性。

二、制定交易規程，按原則行事

期貨市場行情瞬息萬變，跌宕起伏。對於經驗不是很豐富的普通投資者來說，花點時間制定一套適合自己的操作規程，是很有必要的。

1.從長到短，研究月、周、日線圖，搞清楚目前的行情及其所處的位置。

2.研究持倉量、成交量與價格之間的配合程度，預測行情的下一步發展。

3.熟知各種技術指標所揭示的資訊。

4.尋找價格上的阻力和支撐。

5.對第二天開盤價做出預測。

6.預測第二天的升跌勢，從成交、持倉以及價格的支撐、阻力等方面來綜合預測。

7.收集當日各種資訊，對預測做出調整。

8.根據預測，處理已持有的頭寸，再以保證金為根本，考慮如何建立新的頭寸。

9.制定防範風險的應對策略。

當然，規程再完美也會有漏洞，沒有百分百的保障。俗話說：計劃趕不上變化。操作規程還需要依據實際情況的變化來適時調整。

此外，還要遵循兩點原則：一是止損原則，堅持這一原則能讓你以有限的資金獲得更多的機會。二是獲利平倉原則，它能讓你有效地把握機會，把帳面盈利轉為實際利潤。

三、擺正心態

投資大師傑西．里費默曾經說過：「在期貨市場上人類只有兩種感情，即貪婪和恐懼。」大多數期貨投資者的可悲之處在於該貪婪的時候沒有貪婪，卻變得恐懼；該恐懼的時候沒有恐懼，卻顯得貪婪。

利益越大誘惑越大，同樣陷阱也越多。期貨交易中常犯的錯誤就是貪婪和恐懼。貪婪的典型表現就是該止損時不止損，嚐到點甜頭就興奮過頭，想一口吃成胖子，沒有一個穩定明確的目標，最終越陷越深，不能自拔。而恐懼更多地則表現為不該止盈時止盈，總擔心風險來襲，早早就收手。錯失許多良機，撿了芝麻丟了西瓜。其具體表現為：

1. 「死馬當活馬醫」。反正已經虧了不少，乾脆「賭」一把。
2. 到止損價位時，總想再看一下，說不定能回來。
3. 不作任何計劃和準備，完全憑感覺交易。
4. 縮頭烏龜。出現虧損時，便給自己找藉口退縮，覺得期貨太難，不是一般人能做。
5. 鴕鳥戰術。遇到危險時就像鴕鳥那樣把腦袋埋在沙子裡，自欺欺人，沒有應對風險的勇氣和措施。

其實期貨交易其實並沒有想象中那麼難，也沒有什麼祕訣，無非就是低買高賣或高賣低買。只要保持一顆平常心，確定明確的目標，用心總結，找到一套適合自己的交易方式，培養良好的投資理念、交易習慣和操盤能力，你也能成為期貨市場的強者。

期貨投資，風險不小

「高收益，高風險」這是期貨投資的最顯著特徵。風險與收益共存，它不會消失，也不會為你主動避讓，只能我們想辦法去規避它。「知己知彼」，方能「百戰不殆」，想要規避風險，首先就要對風險有所認識。

從宏觀角度看，期貨市場上的風險主要分為兩大類：系統風險和非系統風險。完善的期貨市場存在的風險主要是系統風險，非系統風險並不明顯。但是在我國，由於市場發展還不完善，所以除了系統風險外，非系統風險和道德風險也十分突出。

從個人投資者角度來看，期貨交易中具體的風險主要有：

1. 市場風險。當行情一路下跌的時候，你吃進的「貨」臨近期限都不能擇機平倉的話，就只有賠錢的份了。
2. 爆倉和強平風險。每個交易日，期貨經紀公司和交易所都要在進行結算。此時如果你的保證金不足並低於規定的比例時，期貨公司就會實行強行平倉。嚴重時甚至會出現爆倉，即帳戶資金全部賠光，都不夠填補虧空，期貨公司就要替投資者墊付這部分保證金。
3. 交割風險。合約到期，如果還壓在手裡，就必須辦理現貨交割。比如，你買進了20噸的大豆，期限為80天。80天后，如果沒有賣出，你就必須將這20噸大豆如數買下。對於個人來說，怎麼處置這20噸的大豆，是件無法想像的事情。

4. 居間人和經紀公司風險。期貨公司或居間人有優有劣，選擇不當會給你帶來損失。

5. 委託代理風險。如果你把自己的帳戶交給職業操盤手來操作，那麼就會存在委託代理風險。

熟悉了期貨投資的各種風險，投資者在進行交易時還需要注意以下幾點：

1. 控制資金的投入比例。期貨不能滿倉操作，建議投資者動用20%到50%的資金用於操作，這樣的資產配置才能在市場行情發生突變時應對自如。

2. 適可而止的投資原則。在市場整體趨勢向好之際，不能盲目樂觀，更不能忘記了風險而隨意開倉。期貨操作需要設定自己的止損位，而且需要嚴格執行。如果不控制，風險就會進一步擴大。

3. 克服貪婪情緒。很多投資者喜歡追求暴利，行情走好時總是一味地幻想大行情來臨，將每一次反彈都幻想成反轉，熱衷於追漲翻番暴漲品種，總是希望憑藉炒一兩個品種就能發家致富。

4. 多學習專業知識。期貨市場資訊量大，我們要不斷學習，不斷總結，弄清楚一些期貨品種的上下游關係，隨時掌握國內外一些重要的經濟資料等資訊，才能在這個市場上立足，才能走得更遠！

儘管期貨投資存在很多難以預測的風險，但是，因為期貨是最能迅速獲利的投資工具之一。所以，仍然有不少人不畏風險，與風險搏擊。下面，我們列舉了幾條規避期貨交易風險的技巧和方法。

1 選擇價格波動小的商品

有些期貨商品的價格浮動比較大，適合短期投資，可以大賺也可以大賠。但是，也不乏一些價格波動幅度較小的商品，無論是賺是賠，金額都比較小，風險也小。如果不想擔太大風險，就可以選擇這類商品。

2 提高保證金比例

所謂保證金比例，即保證金額佔投資總金額裡比例。提高保證金的比例，也就相應降低了投資總金額，這樣的話，虧本的數目就會減少，當然，獲利也就減少了。

3 建立停損

停損，就是指當你投資的商品價格下跌時，跌到某個價位使你的虧損達到保障金額的某個百分比等級的時候，就應設法停止虧損，果斷平倉。這樣可以避免過大風險的產生。

4 用知識武裝自己

蒐集瞭解各種財經資訊，關心時事要聞，養成敏銳的觀察力，及時捕捉到風險來臨前的各種預兆，提前防範。

5 選擇自己熟悉的商品來投資

選擇自己熟悉的商品來投資，最好是與自己所從事的行業相關。比如從事建築行業的人可以選擇鋼材來做投資。因為比較熟悉，所以更容易培養出你對這種商品觀察、分析的能力，從而提高預測的正確機率，降低投資風險。

6 用日常開支之外的金錢投資

把日常生活支出以外的餘錢用來投資期貨，避免因出現投資虧損而影響到家庭的正常生活。

風險並不可怕，可怕的是對風險的無知與忽視。如果你打算從期貨市場上分得一杯羹，那麼，請你先仔細瞭解一下它們都有哪些風險，並做好各種應對風險的策略準備。

眼花繚亂的金融衍生品

金融業的發展和科技的進步推動了金融衍生品的誕生。金融衍生品也叫金融衍生工具，它是金融創新的產物。其主要作用是幫助金融機構融通資金、控制風險和獲取收益。但它同時也是一把雙刃劍，一方面，它可以規避因匯率、利率等波動帶來的金融風險，另一方面，如果運用不當，它有可能成為最大的風險之源。

金融衍生工具之所以被人們廣泛利用，是有其原因的。企業往往需要利用金融衍生工具來防範一些不可預見的變化，諸如匯率波動、利率上升等。比方說，像豐田這樣一個角逐於全球市場的汽車公司，如果遇到日元匯率上升，其產品在國際市場的競爭力必然下降。這時，為了防範由於匯率的變動可能帶來的損失，豐田公司就可能會用衍生工具來鎖定匯率，從而規避匯率風險。

豐田公司所採取的這種措施就是在利用金融衍生工具進行風險管理。最終管理的成效如何，關鍵要看決策人在使用時，能否對風險做出正確評估和判斷。如果判斷失誤，也會適得其反。現在，很多銀行、跨國公司及基金經理們，都在用金融衍生工具進行套期保值或投機套利，他們賺錢與否，同樣取決於能否對市場做出準確的預測與判斷。

利用金融衍生工具投機失敗最著名的案例就是巴林銀行破產事件。

從尼克．里森個人的判斷失誤到整個巴林銀行的倒閉，伴隨著金融衍生工具成倍放大投資回報的是同樣成倍放大投資風險。這是金融衍生工具本身的「槓桿」特性決定的。

英國巴林銀行曾經是倫敦歷史最悠久的商業銀行，擅長投資管理和企業融資，以良好的信譽和穩健的發展而著稱。它1994年的稅前利潤高達1.5億美元，但卻在第二年因金融衍生工具而破產。其破產的直接原因是其期貨經理尼克．裡森對日本股市走勢的判斷失誤。

1995年1月初，日本經濟復甦勢頭見好，巴林銀行新加坡公司的期貨經理尼克．里森看好日本股市，分別在新加坡、東京和大阪等地買進了大量日經225指數期貨合約和看漲期權，計划著在日經指數回升後狠賺一筆。哪知世事難料，1月17日，日本神戶突發大地震，使剛剛企穩回升的日本股市一路狂跌。巴林銀行因此遭受了鉅額損失，金額高達14億美元（是巴林銀行全部資本及儲備金的1.2倍），巴林銀行的「老底」被賠個精光。1995年2月26日，這個有著悠久歷史和良好業績的老牌商業銀行從此在金融界消失。

巴林銀行倒閉的直接原因，就是里森在利用金融衍生工具準備賺大錢時的失誤判斷。他錯誤地認為日本股市會觸底回升，從而買進了225指數期貨合約和看漲期權。

巴林銀行倒閉事件引起了全世界的密切關注，從此金融衍生工具本身具有的高風險被廣泛認知。各大金融機構和跨國公司都開始對內部操作員的個人行為進行約束，以避免因個人的失誤而造成無法承受的後果。

隨著現代金融業的發展，各種金融衍生品越來越多。那麼，市場上到底都有哪些金融衍生品呢？我們來簡單瞭解一下。

1. 期貨合約。期貨合約是指由期貨交易所統一制定的、規定在將來某一特定時間和地點交割一定數量和質量實物商品或金融商品的標準化合約。

2. 期權合約。期權合約是指合約的買方支付一定金額的款項後獲得的一種選擇權合約。目前，我國證券市場上推出的認股權證，屬於看漲期權，認沽權證則屬於看跌期權。

3. 遠期合約。遠期合約是指交易雙方約定在未來某一確定的時間，以某一確定的價格，買賣一定數量的某種金融資產的合約。

4. 互換合約。互換合約是指合約雙方在未來某一期間內交換一系列現金流量的合約。按合約標的項目不同，互換可以分為利率互換、貨幣互換、商品互換、權益互換等。其中，利率互換和貨幣互換比較常見。

上述四種類型中，遠期合約是其他三種的始祖，它是遠期合約的延伸或變形。

從現代金融業的發展趨勢來看，完整的金融市場體系主要由資本市場、貨幣市場、外匯市場和金融衍生品市場組成。金融衍生工具能夠有效地規避風險、優化資源配置、促進市場價格發現。因此發展金融衍生品市場，有利於提高金融市場效率、完善金融市場功能、擴大金融市場的規模。但是我國金融衍生品市場由於起步較晚，就目前的發展情況看，市場規模較小，品種比較單一，專業人員素質差。一定程度上制約著市場的發展。雖然發展還不健全，問題也比較多，但正因為處於不斷發展的階段，所以前景非常看好。

對衝股市系統性風險——股指期貨

也許很多投資者對1929年和1987年的美國股災，蒸發掉全球四分之一的GDP，印象並不深刻。但是，相信你對2008年上證指數從年初的5265點跌到年底的1820點，還沒有忘記吧。受美國金融危機影響，2008年全年上證指數共下跌3445點，跌幅高達65.43%。這些數字意味著什麼呢？我們來看一組數字：2007年底滬深兩市總市值32.71萬億元，而2008年底滬深兩市總市值12.14萬億元，總市值縮水20.57萬億，相當於2008年我國GDP的68%。絕大多數的投資者的市值損失都在70%以上。投資者在忍受財富鉅額縮水的同時，不禁要問，到底有沒有什麼好方法來避免這種慘劇發生呢？

我們的回答就是——「股指期貨」。

那麼，股指期貨到底是個什麼東西呢？

股指期貨是期貨的一種，屬於金融衍生品的範疇。從本質上講，它是一種為股市的投資者化解市場系統性風險的對衝工具。

股指期貨的全稱是股票價格指數期貨，又叫股價指數期貨、期指。它是指交易雙方以股價指數為標的物的標準化期貨合約，約定在未來的某個特定日期，按照事先確定的股價指數的大小，進行標的指數的買賣。股指期貨交易與普通商品期貨交易的流程和特徵基本相同。

股指期貨作為一種化解股市系統性風險的工具，主要有以下三方面功能：

1. 套期保值。管理股票投資組合風險，即應對系統性風險，也就是我們通常所說的大盤風險。其基本原理是利用股指期貨與股票現貨之間的相似走勢，在期貨市場進行操作，以達到管理現貨市場頭寸風險的目的。

2.套利。即利用股指期貨定價偏差，透過買入股指期貨標的指數成分股並同時賣出股指期貨，或者賣空股指期貨標的指數成分股並同時買入股指期貨，獲得無風險收益。

當期貨實際價格大於理論價格時，此時你若賣出股指期貨合約，再買入指數中的成分股組合，就可獲得無風險套利收益。當期貨實際價格低於理論價格時，你再買入股指期貨合約，賣出指數中的成分股組合，也可獲得無風險套利收益。

3.槓桿投機。利用股指期貨，如果判斷正確，可以獲得很高收益；但如果判斷失誤，也會虧得很慘。比如你有10%的保證金，買入了1張滬深300指數期貨，如果股指期貨上漲5%的話，你就可獲利50%的保證金。低交易成本及高槓桿比率，使股指期貨非常具有誘惑力。

如果你是一個敢於挑戰風險的投機者，那麼股指期貨可以為你提供一個絕佳的機會。你可以透過對股票市場未來走勢的預測，來獲取利潤。如果你預測股市將上漲，那麼你就可以買入股指期貨合約，並在合約裡預期股票價格指數將上漲。如果將來真如你所猜——股指上漲，那麼你就賺大錢了。

以上三大主要功能中，其最根本的功能是對衝股票市場上的系統性風險。股票市場的非系統性風險可以透過股票組合投資來有效地化解，而系統性風險則要透過把股指期貨加入到資產配置中，方可有效規避。

但是，股指期貨這種對股票市場風險的對衝效應，已被國外實證只是短期性作用。決定股票市場長期發展的還是其自身的基本面。我們在看到股指期貨的正面作用時，也應該看到它背後隱藏的負面效應。如果現貨市場的交易資金向期貨市場轉移，股指期貨的「到期日效應」有可能就會引起現貨市場的價格波動。因此，必須配套有效的監管體系和風險控制制度才能使其更加健全和完善。

第九章 讓你的財富穩定升值——房產

洞穿「地主們」的十大謊言

提起房地產業，許多人都會說，房地產業瘋了。從事房地產開發的商人們也瘋了，他們不停地囤地造房，提高房價，牟取暴利。飛漲的房價，讓老百姓們瞠目結舌，除了極少數人，大多數人都只能望「房」興嘆。

在變幻莫測的房地產市場上，要想購得一份滿意的房產還真是不容易。有人說房地產泡沫下面藏滿了謊言和欺騙，那麼，如何洞穿房產泡沫下的那些美麗謊言呢？下面我們就來盤點一下房地產商慣用的十大謊言。

謊言一：土地有限，城市的土地稀缺房價必漲。

其實許多城市根本就不存在土地供應不足問題，香港、日本、德國人口密度高多了。「地荒論」只是房地產商為了製造恐慌，炒作房價而杜撰出來的。房價漲1千倍也是稀缺的，但別忘了，人民幣也是稀缺的。

謊言二：房產投資能讓你獲得豐厚的投資回報。

房子是大眾消費品，當不了大眾投資品。如果所有人都去投資房地產，高企的房價必然充滿很多泡沫。一旦泡沫破滅，你不僅得不到回報，還會為此付出慘重代價。

謊言三：利率上調房價必漲。

日本房價泡沫從 1990 年開始破滅，可日元對美元的升值卻一直持續到 1995 年。房價的利率成本取決於20或30年間的平均利率水平，而不取決於某一短期時段的利率高低。在房價大漲時買房必會投入過高成本。

謊言四：有些房地產商會說，「我們不是為大眾建房，只為少數富人造屋，窮人的

大眾的需求才是巨大的，如果一個行業的產品滿足不了大多數人的需求，那這個產業就不會走得長遠。

謊言五：自住需求比例大就沒有泡沫出現。

決定泡沫大小的根本因素是投機資金的規模。在房地產市場上，自住需求基本是鎖定、不流動的，由於住房的自有率很高，投資或投機性住房需求超過百分之十就會構成泡沫。

謊言六：城市化會導致房價必漲。

城市化的速度相對於快速發展的房地產來說是緩慢的，兩者的發展是不協調的。所以依據目前的城市化程度，不可能導致房價漲得如此之快。

謊言七：房地產是國民經濟中最大、最重要的支柱產業。

房地產業的支柱性體現於消費上，而不是投資上。它是一種被動產業，不具有主動性。哪怕最終結果在經濟上起到了支柱性的作用，那也是被動的。

謊言八：「房價收入比」過高並不意味著有泡沫。

從國外經驗來看，房價收入比過高就是泡沫。房價收入比是一種綜合性指標，它不但反映了房價可能過高，而且反映出消費者的支付能力有問題。

謊言九：房價不能跌，房地產業不能衰退。

有泡沫遲早都會破，早點破比晚點破要好。房地產開發商、追求「政績」的官員、偽經濟學家存在共同的利益，所以他們絕不會說房價有泡沫，房價會下跌。

謊言十：房價會一直持續上漲，房子只會升值，不會貶值。

既然房屋也是商品，那它的價格就必然由供求關系所決定。看看各大城市的房屋空置率，你就可能發現高企的房價背後，是不是真的有那麼大的市場需求。上世紀80年代，日本房價、地價曾上漲了幾十倍，可進入90年代後，超過70%的跌幅同樣很吸引人的注目。

以上列舉的只是部分謊言，現實中你還會聽到許多其他的謊言。無論是你買房的目的是自住還是投資，都要警惕這些謊言，以免影響自己的判斷，導致投資失誤，帶來重大經濟損失。

誰在握著房價的脈搏

誰都不想風餐露宿，居無定所；誰都想擁有一間屬於自己的房子，有個安穩的家。買房是無數普通家庭的最大心願。但看著日益飛升的房價，百姓們在憤怒之餘，常常嗟嘆：一嘆為什麼自己的收入離房價總那麼「千里迢迢」；二嘆為什麼這「該死」的房價總是越來越高；三嘆這高昂的房價背後到底是誰在推波助瀾？

那麼，到底是誰在控制著房價的脈搏呢？

一、是地方政府嗎？

毋庸置疑，政府確實能從房地產交易中得到不少利益。政府出讓土地給開發商，就能獲得到鉅額的土地出讓金及豐厚的稅費收入。此外，房地產業的興起，還能帶動相關產業的發展，比如鋼鐵、水泥、建築等行業。同時還可以解決一大批人的就業問題，產業興起了，人們收入有了，GDP 上去了，如此這般，政府又何樂而不為呢。

也許你會想：畢竟土地有限，僧多粥少，開發商對土地個個虎視眈眈，政府藉機提高地價，開發商紛紛血拼做「標王」，成本高了，最後造出來的房子肯定就便宜不了。要說「罪魁禍首」還是最初的源頭——政府。雖然這樣說也不無道理，但也不盡然。政府的土地出讓金要想高，確實房價得高。但也要建立在能夠把高價房賣出去的基礎上。房子賣不出去，再有錢的開發商，也會撐不住，撐不住，誰還會找政府買地。只有房地產行業健康地發展，政府的土地出讓、稅費收入才能穩步提高，相關行業也才能健康發展，GDP 也才能真正得到提升。總而言之，政府也希望房地產業健康發展，交易活躍，房價穩定，成交量穩步提升才是政府真正希望和關注的。

二、是房地產開發商嗎？

房地產開發商是房屋的供應方，在一定程度上確實有決定房價的能力和權力。開發商決定房價要從買地的成本、公司的運營成本、融資成本、造房所用的材料成本以及建築成本等方面來綜合考慮，這些都是構成房價的重要組成部分。對這部分的價格，作為購房者的你沒有任何商量的餘地，只能全盤接受。此外，開發商是商人，賺取利潤才是最終目的，至於這部分利潤的多少，只有那些開發商自己才心知肚明。

當然，開發商也不能為了獲得更多利潤而過度提高房價，畢竟房子要有人買，才能獲利，價格太高，超過人們的承受力，無人問津，獲利也就無從談起。

那他們是怎麼在一定程度上控制房價的呢？

首先，是資訊優勢。開發商透過專業調查，能夠獲得商品房所在區域潛在消費者的購買力和購買意願等資訊，開發商就可以以此為基礎來「量身定價」。

其次，是營銷策略。房地產業的興起，培養出了一大批營銷人才，形成了許多風格各異的營銷體系和策略。他們透過各種營銷心理戰術，以及多個開發商間的合謀，形成價格同盟，讓購房者在他們定好的價格下「乖乖就範」。

三、是炒房團嗎？

他們不缺房子卻大量購進房子，活躍在全世界各地熱點地標，透過各種商業手段炒作來獲利。這種商業炒作行為無形中成為了房價上升的助推器，令真正需要房子的低收入者的買房夢化為泡影。但炒房團不是導致房價上漲的直接原因。沒有哪兒是先有炒房團，房價才上漲，而是價格上漲了，炒房團才加入。炒房確實在一定程度上成了房價上漲的幫凶，但也只是影響房價的因素之一，不可能產生全局性的影響。

別忘了，作為購房者的你也是影響房價的因素之一。買房的人多，需求大過供給，價格自然就漲，買房的人少了，供大於需，價格也就降了，水漲船高的道理誰都明白。

那麼難道廣大購房者對房價就無可奈何了嗎？到底誰才是控制房價的元凶呢？

其實，政府、房地產開發商和購房者都是，作為價格戰的三方參與者，三方互相牽制影響，無論誰都不能獨自控制房價。政府會影響房價，讓房價不至於漲跌過度，但不是直接控制；開發商在有決定房價的能力，但也是在一定範圍內，超過了範圍，就輪到廣大購房者來控制了。

房產商常用促銷手法面面觀

賣家出價，買家還價，一番討價還價後交易達成，這是我們在菜市場常有的事。但是買房也可以討價還價嗎？當然可以！各房地產商為了回籠資金，挖空心思、使出渾身解數，利用各種促銷手段，吸引人們買房，可謂花樣百出。

對商家慣用的促銷手段要多瞭解、掌握，這樣才能進行理性判斷，做出正確決定。

手法一：打折銷售，實惠多少看得見

打折，就彷彿是開發商對消費者的真情表白，操作透明，目的是吸引真正的購房者。購房者能看到實實在在的實惠，能少花點錢就是好事，只要降價打折幅度能達到購房者接受的心理價位，一般都樂於接受。降價打折幅度從5％－40％不等，有的還會贈送汽車、裝潢等。

還有的開發商會打出買房送還現金的促銷方式。這種方式和打折相似，只是形式上有些不同。其實得到的實惠就是可以少付點首付，讓購房者的心裡更舒暢些。

手法二：贈送禮物，驚喜多多

「禮多人不怪」，有禮物收，不收白不收。這種佔便宜的心理，誰都會有。房產商自然不會放過，各種贈品花樣百出，小到電腦、空調、櫥櫃、管理費，大到汽車、花園、裝潢。

當然，作為消費者的你自然也不傻，如果那禮品正好挑動你心，能讓你的心裡達到平衡，相信你會爽快出手，但如果那禮品不如你心意，那房產商再「熱的臉」貼上的也是你的「冷屁股」，你可能做的就是隔岸觀火，再考慮考慮。

手法三：內部員工優惠價，誘惑不小

這一招就是製造懸念，就像某天你走在忠孝東路上，冷不防地冒出一人神祕兮兮地問「名牌水貨，要不？」距離產生美，戴著面紗的女人就比不戴的女人更有吸引力。房產商往往為了提高建案的關注度，會打出比均價低很多的內部員工優惠價的說法，以此吸引購房者。

手法四：團購優惠，集體砍價

集體買房，量大優惠。房產商之所以這樣做，一來是因為可以提高知名度，炒作銷量，二來可免去前期高價成交的業主因降價而發出的聲討和退房威脅。對於購房者來說，人多力量大，開發商自然不敢小覷。

手法五：無理由退房，令人遐想

「無理由歸還房屋」，指的是已簽訂購買合約並已支付房款（含銀行貸款）的購房者，自購買之日起一定期限內，享有對所購房屋無條件地繼續保留或退房的選擇權。若購房人在約定的期限內提出退房申請，開發商必須無條件地向購房人退還購房款本金及利息。

「無理由退房」，這一招表面看起來是房產商很「仁慈」地替消費者著想，但房子畢竟不是一般的小物件，真要退的話談何容易。首先，退房程式之繁雜能讓你發瘋；其次是開發商，他們很多都是一案公司，建案結束後公司有可能就消失了，如果承諾期限過長，到時要退恐怕連個人影都找不到；再者，如果裝潢入住後要退房，那麼已經付出的裝潢費用找誰要呢？

房價上漲的時候，開發商當然可以信誓旦旦地「拍胸脯」，可一旦房價下跌，那就很難說了。

手法六：首付可減或分期，解首付之急

隨著政府調控房地產政策，首付比例的提高，以及購房貸款的「銀根收緊」，此時開發商就會向那些付不起首付的購房者拋出了低首付的「橄欖枝」，購房者只需承擔少部分的首付款，或是採用分期付款的方式來交首付款，即可買到房子。這些促銷形式，對於一些積蓄不多的年輕人很有吸引力。

手法七：差價補貼，風險替你擔

這種手段主要針對那些擔心房價下跌而猶豫徘徊的購房者。於是開發商做出這樣的承諾：如果客戶在計劃實施期內購買某建案，可以在該區域平均房價下跌時獲得差額補償。這樣就打消了很多購房者的顧慮。但其實以後如何補償是個複雜的過程，所以購房者在購買時，要注意合約裡是否詳細寫清楚相關的補償條件和手續。

手法八：「先嚐後買」，試住不滿意可退房

購房者可以先「試住」一段時間，不滿意即可退房，這招抓住了人們「先嚐後買」的防禦心理。在樓市低迷時期，用這招頗有「撒手鐧」的效果。

手法九：試住三年，先租後買

其內容是：客戶試住計劃需交納一定數額的定金並簽署《預購（試住）合約書》，在簽署《預購（試住）合約書》之後，一直到正式購買之前，開發商自行供樓。客戶入住物業後，每月按照規定的金額交納月租，試住期限為3年；開發商發放統一存摺，客戶每月自行存入租金；在3年試住期間任一時間內，客戶可將之前交納的月租金抵作首期房款，在補齊首期房款後簽署《商品房買賣合約》，辦理產權過戶和銀行貸款手續，進入供樓階段；三年試住期滿，如客戶不想購房，開發商可以退回定金，收回物業。

手法十：房屋仲介促銷

房屋仲介促銷的方式一般有三種：一是服務促銷，中介公司透過對服務的改善來吸引客戶，比如直接進小區上門服務，現場講解房屋買賣知識、相關政策法規，為居民提供購房分析和指導。二是房源促銷，這主要是針對政策所作的反映，比如「免稅房」就是一種。三是聯合促銷，與相關其他行業聯合進行促銷，提供完整的產業鏈服務。

列舉了這麼多促銷方式，終歸只是房產商回籠資金的方式之一，也是樓市低迷需要啟用時慣用的措施。但是買房不是買衣服，不能跟普通消費品等同，日常普通消費品的促銷方式無非就打折、讓利、送券等，而樓房的促銷方式卻多得多。房產商主要圍繞付款方式和樓市走向來展開，

重在打消購房者的疑慮。

隨著各種促銷手法的日趨複雜化，買主在簽訂購房合約前一定要三思而行，仔細閱讀合約，不要疏忽細則條款；開發商提供的「實惠」是否真的物有所值，是否真的符合自己的需要，要仔細掂量好，不要因小失大。

個人房貸別掉進仲介陷阱

買房是件重大且麻煩的事情，辦理房貸是其中一項很繁雜的「工程」。只要稍加留意，你就會發現，在隨處可見的報刊、雜誌和網路上，經常會出現一些專業辦理貸款業務的仲介公司所做的廣告。

隨著銀行房貸的收緊，門檻的提高，許多想買房的人著急貸不到款，有些房屋仲介公司就藉機推出幫客戶辦理貸款的業務。還有部分人是嫌辦貸款麻煩，為了省事，就找仲介代理。於是，眾多仲介公司「粉墨登場」，紛紛開辦了速辦房產抵押、貸款貸款業務。

個人貸款辦理的一般程式是：個人先向銀行提出申請，再向那個銀行提供個人相關資料，經過銀行審查合格後，方可獲得貸款。然而，仲介公司就往往利用人們怕麻煩、或是著急貸款的心理以及對房貸業務認知度的不足，而做起了「貸款仲介」。其中暗藏的陷阱你可要看清楚了，千萬別掉進去。

陷阱一：墊資還款

其操作程式是：貸款人為了還清先前欠某家銀行的貸款，由仲介機構先行墊資，還清欠款後，再到另一家銀行重新辦理貸款，把貸款得來的錢拿去還給仲介。這種「墊資還款」服務所收仲介費極高。仲介機構為了增加更多收益，往往會透過一些特別「手續」，「拆東牆補西牆」，幫貸款人獲得更多貸款，從中獲取高額手續費。

必須注意的是，有些仲介機構根本沒有辦理這項業務的合法資質，他們不僅欺騙銀行，還同時欺騙客戶。例如有些仲介機構打著「儘量不麻煩客戶」的口號，全程代辦：讓客戶提供身份證、戶口本、結婚證、收入證明等各種貸款所需的證件資料，幫客戶全權辦理，等資金到手後，他們就把客戶資金挪作他用。

陷阱二：假冒資料、虛高估價

假冒資料、虛高估價是騙貸最常用的方法。一些仲介對房產作虛高估價，一套實際只能最多貸款50萬的二手房，可以被高估至100萬元。有些仲介還虛報客戶個人資料，騙取銀行信任。一旦虛誇的水分過大，還款計劃不切合實際，就會導致不能及時還貸，客戶的銀行信譽會因此受損。

陷阱三：轉貸款，淘出錢

辦理轉貸款，竟然能「淘出錢」來。一些貸款者在心動之餘並沒有仔細把帳算清楚，以致在一些不法仲介的鼓吹下辦理了轉貸款，結果不僅沒有佔到多大便宜，反而要為此付出高昂的仲介費用。

例如貸款人杜先生四年前在某銀行貸款60萬買了一套房，在還了30萬元後，辦理轉貸款後到另一家銀行，該銀行經過評估，認為其房產已升值，所以貸款額度可以更高。遂將餘下未還的30萬貸款增加到了50萬元，這樣，杜先生用同一套房就從銀行多「淘出」了20萬元貸款。可是他也為此付出了近2萬元的仲介服務費、墊資費和房屋評估費。

很多銀行對轉貸款業務的規定都比較嚴格，不過由於仲介的「神通廣大」，通常都能讓你「得償所願」。需要注意的是，如果你是用等額本息還款法已經還了一部分貸款，再來辦理轉貸款還貸，實際上要支付的利息會更多，而且有可能要繳納違約金。

陷阱四：速辦是噱頭，不讓全程陪同，暗藏隱患

仲介機構「速辦抵押貸款」的廣告口號，多半只是吸引客戶的噱頭甚至是陷阱。仲介市場魚龍混雜，各個銀行對二手房的貸款業務都比較謹慎，對那些宣稱有「真本事」、「硬關係」的仲介人員，一定要謹慎，千萬別輕信他們信口胡謅。因為，一旦出現問題，他們完全可能矢口否認。

有些買主因為對二手房貸款政策和手續缺乏瞭解，覺得到銀行辦理貸款，程式繁瑣，耗時費力，不如花點錢讓仲介全權辦理來得方便。所以將身份證、房產證等證件交給仲介公司後就不管了，並不全程陪同。殊不知，這樣做可能存在著巨大的隱患。

如果不親臨現場，仲介很可能會找一個長相與你相似的「同夥」到銀行辦理貸款，申請的貸款額遠遠超過了貸款人實際所需，從而把超過的部分留下另作他用。如果哪一天仲介公司突然「人間蒸發」了，那部分多出來的金額，可就要落到你的頭上了。

現在有很多仲介機構都不正規，有些甚至是「皮包公司」，純粹就是騙人的黑心仲介。我們不要為了貪圖方便和一時之利而放鬆警惕，一不小心就會上當受騙。所以申請貸款這種大事，還

是要親力親為的好。

選擇最適合自己的房貸產品

面對各大銀行推出的各種各樣紛繁複雜的房貸產品，選擇哪種方式最划算，哪種方式最適合自己需要呢？這就需要對目前市場上的各種房貸還款方式做個分析比較。

一、等額本息還款

這是現在最為普遍，也是大部分銀行喜歡推薦的方式。把房屋貸款的本金總額與利息總額相加，然後平均分攤到還款期限的每個月中。作為還款人，每個月償還銀行固定的金額，但每月還款額中的本金比重逐月遞增、利息比重逐月遞減。

採用這種還款方式，每月償還相同的數額，作為貸款人，操作相對簡單。每月承擔金額相同的款項也便於安排收支。對於一些收入比較穩定的家庭，買房自住，經濟條件不允許前期投入過大，如公務員、教師等人群，選擇這種方式比較好。等額本息還貸方式的缺陷是，由於佔用銀行資金的時間比較長，因而總利息支出比較大。

二、等額本金還款

等額本金還款，又稱利隨本清、等本不等息還款法。貸款人將本金平攤到每個月內，同時付清每個月應付的利息（按剩餘本金計算）。這種還款方式相對於等額本息還款而言，總利息支出較低，但是前期承擔的本息金額較大，還款負擔逐月遞減。

舉例來說，同樣是從銀行貸款 100 萬元，年限20年，按照 5.94%的房貸利率計算，選擇等額本金還款，每個月需要償還銀行本金 4167 元。首月利息為 3465 元，總計首月需還款 7632 元。以後每個月的還款本金不變，利息會逐月減少。這種還貸方式20年的利息總額為 417532 元。

使用等額本金還款，開始時的每月負擔比等額本息還款要重一些。尤其是在貸款總額比較大的情況下，相差可能達千元以上。但隨著時間推移，還款負擔會逐漸減輕。這種方式比較適合目前收入比較高，但是已經預計到未來收入會減少的人群。例如，很多中年人經過一段時間的打拼，有了一定的經濟基礎，但隨著年齡增長，未來的收入可能會出現下降。

三、按期還本付息

這種還款方式是指，貸款人透過與銀行協商，可以為貸款本金和利息歸還制訂不同的還款時間單位，即自主決定按月、季度或年度等時間間隔還款。實際上，這是貸款人根據自己的財務收支狀況，把每個月要還的錢湊成幾個月一起還。

這種方式其實是等額本息還款的變體。例如，20年期的 100 萬元房貸，按照 5.94%的利率計算，選擇等額本息貸款，每個月大約還 6143 元。如果貸款人選擇比較靈活的方式，就可以選擇每兩個月還 12286 元。

這種還貸方式適用於收入不穩定的人群，現在很多收入與工作量直接掛鉤的年輕人都有這種傾向。每個月不同的工作狀態決定了當月的收入情況，把幾個月的壓力集中到一個月來解決，可以避免因每月還款不及時而出現滯納金或罰金。

四、本金歸還計劃

這種方式是指，貸款人經過與銀行協商，每次本金還款不少於1萬元，兩次還款間隔不超過12個月，利息可以按月或按季度歸還。

這種方式其實是等額本金還款的變體。例如，20年期的100萬元房貸，按照5.94%的利率計算，選擇等額本金還款，每月需償還銀行本金4167元，首月利息為3465元，總計首月償還銀行約7632元。貸款人可以把利息和本金分開償還，利息仍然按月或季度還款，數額遞減。償還本金的時間不固定，但每次最少要償還3個月的本金（不能少於1萬元），即12501元。下一次還本金的時間不能超過一年。

這種還貸方式是銀行專門為非固定月收入的人群定製的。現在流行的在家辦公一族，如網路作家、設計師和軟體設計員等，他們中很多人沒有固定的月收入，但是，每完成一件作品或一項工作都有比較大筆的收入。

五、等額遞增或等額遞減

這兩種還款方式，沒有本質上的差異。作為目前各大銀行的主推品種，它是等額本息還款方式的另一種變體。它把還款年限進行了細化分割，每個分割單位中，還款方式等同於等額本息。區別在於，每個時間分割單位的還款數額可能是等額增加或者等額遞減。

等額遞增方式適合當前還款能力較弱，但是，已經預期到未來會逐步增加的人群。很多年輕人需要買房，並且工作業績不錯，雖然目前的收入負擔房貸比較困難，但是考慮到未來升遷後的收入會增加，因而可以採用等額遞增還款。相反，如果預計到未來收入將減少，或者目前經濟很寬裕，則可以選擇等額遞減方式。

綜合以上各種方式來看，各種房貸產品其實沒有最好的，只有最適合的。因為你無論選擇那種還貸方式，都會有不菲的利息支付。不過，選擇合適的還款方式有助於資金的充分利用及緩解還貸壓力。因此，根據自身的情況選擇合適的房貸產品才是最重要的。

此外，貸款人除了要選擇好適合自己的房貸產品外，運用一些專業的還貸技巧也可以幫你節省不少利息支出。

1 存款抵貸款

其主要特點是，只要你在銀行理財帳戶中存入閒置資金，就如同償還貸款的本金，卻無須支付提前還款的罰息。由於貸款利息是根據貸款淨結餘（貸款貸款結餘減去存款結餘）計算，它不僅能為你節省利息支出，還能縮短還款年期。存入理財帳戶的資金越多，你就能越早還清貸款，大大縮短還款年期。由於這類房貸理財產品，可以保證客戶資金的靈活性，客戶可隨時從帳戶中提取部分或全部存款，因此客戶既可以省利息，又可以把握財富增值的機會。

2 房貸跳槽

這實際上是「轉貸款」的一種，指由新貸款銀行幫助客戶找擔保公司，還清原貸款銀行的錢，然後重新在新貸款行辦理貸款。如果你目前所在的銀行不能給你高折扣房貸利率優惠，那你就可以進行房貸跳槽，尋找最實惠的銀行。現在很多股份制的小銀行為了爭取客戶，一般都願意提供這種轉貸款服務，並能給出更優惠的貸款利率。當然，轉貸款會存在一些費用，如擔保費、評估費、抵押費、公證費等。

3 固定利率轉浮動利率

不少商業銀行推出了固定利率房貸業務。當貸款利率處於上升時，固定利率可以使你的房貸利息支出不會因利率上升而增加。當貸款利率處於下降通道時，如果你以前選擇的是房貸固定利率，那就趕緊轉為浮動利率，享受低利率的好處。不過，需要提醒的是，「固定」改「浮動」需要支付一定數額的違約金。

4 公積金轉帳還貸

在申請購房組合貸款時，一方面儘量用足公積金貸款並儘量延長貸款年限，在享受低利率好處的同時，最大程度地降低每月公積金的還款額，最大程度地縮短商業貸款年限，在家庭經濟可承受範圍內儘可能提高每月商業貸款的還款額。這樣，月還款額的結構中就會呈現公積金份額少、商業份額多的狀態。公積金帳戶在抵扣公積金月供後，餘額還能抵扣商業性貸款，這樣節省的利息非常可觀。

提前還貸，你也能做到

每到年底，一年的辛苦工作和付出總算有所回報，有的人得到了一筆數目不菲的年終獎，有的人積累了一筆很可觀的資金。那麼這筆錢你打算怎麼處置呢？是添置新衣、外出旅遊，還是繼續節衣縮食以便還貸呢？作為房奴來說，如果沒有其他更好的投資途徑，那這筆錢還是拿來還貸吧。

為啥要提前還貸呢？提前還貸有什麼好處？何時提前還貸才合適呢？

我們來舉個例子，假如你向銀行貸款28萬元的房貸，貸款年限是15年，月供是2100元。最近利率要上調，利率如果真的上調，就會給你增加利息負擔。如果，恰好現在你手頭有2萬元餘錢的話，我們建議你提前還貸。

我們來仔細算一下帳。如果你選擇縮短貸款年限來提前還款，那麼你的還款年限就可以縮短一年，可節省利息約1.6萬元。如果選擇減少月供，那麼每月的還款額可減少180元，可節省利息6500元左右。由此可見，提前還貸可以節省一筆不小的利息支出。

一般來說，在利率上調的時候選擇提前還貸還是比較合適的，因為加息後你的月供也會增加。在這種情況下，你為了減少第二年的利息，就不得不考慮提前還貸。但如果房貸利率較低且穩定，此時你提前還貸的話，非但節省不了多少利息，反倒會因為資金的被佔用而使生活陷入困境。

那我們要如何提前還貸才更省錢呢？

這是許多購房者普遍遇到的問題。如果你的貸款是由是公積金和商業貸款一起組合構成，那你應該先還商貸。因為公積金貸款有政策性補貼，所以貸款利率比商貸低，所以，先選擇貸款利率較高的商業貸款來提前還貸，相對比較划算。

通常，提前還貸分為兩大類：全部提前還款和部分提前還款。全部提前還款方式手續最簡單，也最節省利息。但選擇這種方式要量力而行，不能為此而打亂其他理財規劃。

部分提前還款方式又分三種方式：（1）減少月供，還款期限不變。（2）減少月供，還款期限也縮短。（3）月供不變，縮短還款期限。

我們以例項來計算：

張先生2018年9月貸款買了一間房，貸款金額為25萬元，還款期限是20年，選擇的是等額本金還款法。11月份開始第一次還貸，月供為2000元，20年期限到後，張先生總共要付給銀行的本金加利息為38萬元，其中利息13萬。經過銀行數次加息和貸款利率的調整，現在張先生的月供為1500元，目前張先生已還款5萬元，其中包括利息2萬元。現在張先生手頭有6萬元餘款，準備用來提前還貸。

如果他選擇減少月供，還款期限不變，那麼提前還貸6萬後，每月的月還款將減至1300元，年限未變，待到期後，他一共可以節省利息2萬元左右。

如果選擇月供不變，縮短還款期限。那麼他的還款期限將提前5年，也就是到2038年，最後可以節省利息4萬元左右。

哪種方式更划算，我們顯而易見。提前還款，關鍵就在於能節省利息支出，但借款人也不能盲目跟風。要依據自己的承壓程度、還貸成本和機會成本來考慮，是否適合提前還貸。提前還貸將使你將失去一部分流動資金，如果「失血」過多，可能會打亂你的家庭理財計劃，甚至降低你的生活質量。

資金緊缺，借錢甚至動用應急資金來提前還貸的行為是不明智的。如果有好的投資通路，就不必急於還貸——只要這種投資給你帶來的收益，超過房貸利息的支出就可以了。

如何讓你的房子保值

沒房的，希望房價可以回落到自己可以買得起的價位；有房的，當然希望房價越高越好，好讓自己的財產快速增值。

於是，房地產業就在這樣的跌宕起伏中一路演繹著關於房子的故事。這兩年房產升值的黃金時間暫時告一段落。那麼，如果你是有房一族，如何在撲朔迷離的「房市」裡讓你的房子保值呢？教你「天時、地利、人和」三招。

一、天時

也就是房子的「保質期」，它是你房子保值的前提。

房子是一項長期固定的不動產，也是可以長期使用的消耗品。在你長期的使用過程中，隨著時間的流逝，即便房屋原有的實物形態沒有發生很大的改變，但在人為損耗和自然損耗的雙重作用下，房屋的內在價值也會逐年降低，不可能永久地持續消費。當房子舊到一定程度的時候，其價值就基本喪失了，所以房子也有「保質期」。買房時你要仔細估量房子的「保質期」，尤其是購買二手房。

二、地利

即房子的地理優勢，這是房子保值的基礎。

毫無疑問，市區的先天優勢，使其成為得天獨厚的「黃金地段」。那麼，市區以外稍遠的地區就沒有成為黃金地段的可能了嗎？城市規模每天都在擴大，城市規劃也一直都在推進，由此帶來的人口遷移、道路建設、土地開發等，完全有可能帶動一個新「黃金地段」的崛起。因此，你所購買的房子能否保值增值，就得看你對這個城市的建設規劃和未來發展是否有一個前瞻性的認識與瞭解。所以，平時多關注一些城市規劃方面的資訊，也是大有裨益的。

三、人和

即生活配套設施和物業管理。

首先是生活配套設施，它是房子保值的根本。衣食住行等日常生活設施的便利與齊全，是一個好地段的最基本標誌。這些設施包括現有的，也包括即將要實現的，超市、餐廳、交通、銀行、醫院、學校、公園、休閒娛樂等配套設施要一應俱全。而且，除了「一應俱全」外，還要具備一定的檔次和品質。

其次是物業管理，它是房子保值的有效保障。物業管理是一個建案生命的延續，也是樹立建案品牌的關鍵所在。對於很多人來說，買房、供房也許是這輩子最大的一筆投資。買房後，物業管理的好壞，是判斷你這筆投資值得與否的一個重要標準。

物業管理直接關係到了你的人身安全和財產安全。物業公司就像是你的管家保姆，如果她出了問題，遭受損失的直接就是你。物業公司對小區的管理，包括房屋維修、裝置維護、區內道路、園林綠化、治安保衛、環境衛生等各個方面，它們不僅會影響到你的生活質量，而且會影響到樓房能否保值。所以，如果你不想讓自己的房子貶值，那麼你應該為自己的房子選一個優秀的物業公司。那麼，如何判斷物業公司的優劣呢？可以從以下三個方面來看：

1. 管理團隊是否優秀。這要看管理和服務人員的業務素質和人品素質。
2. 獨立經營，信守承諾。這點可以從物業公司投入資金的多少來衡量。
3. 快速響應業主投訴，不斷提高服務質量。

總之，房子能否保值受諸多因素的影響。我們要從房屋的使用年限、地理位置、配套設施、物業管理以及房屋的結構、開發商的品牌等各個方面綜合權衡，多方考察、全面瞭解，才能保證自己所買的房子不會貶值，只會保值增值。

第十章 永不貶值的等價物——黃金

帶你重新認識黃金

「物以稀為貴」。黃金自被人類發現和利用之日起，就一直以其珍貴稀少、性質穩定等特性而位列五金之首，有著「金屬之王」的美譽。其地位之顯赫是其他金屬無法比擬的。正因為黃金具有這一不平凡的地位，很長時間裡它一直是人們財富和顯貴的象徵，人們用它來做作貨幣、首飾、金融儲備等，並且到目前為止，黃金在上述領域中的應用仍然佔主要地位。而它作為一種投資方式的興起則是近幾十年來的事情。

你或許知道很多投資方式，比如股票、基金、國債、期貨、房產等，但相對來說，黃金更具有保值和抵禦通貨膨脹的能力。具體來說，黃金投資有以下幾個優點：

首先是可以「逃稅」。

黃金投資是世界上稅負最輕的投資項目，你完全可以利用這一點進行「逃稅」，比如說你想將財產轉移給你的下一代，那麼你最好的辦法就是把財產變成黃金，然後再由你的下一代將黃金變成別的財產，這樣可以「逃脫」高額的遺產稅。

其次是可以「討便利」。

因為黃金的轉讓不像住宅、股票的轉讓那樣需要辦理繁瑣的過戶手續，它沒有任何登記制度的阻礙。你如果想把一塊黃金送給自己的朋友或親人時，你完全可以打個電話叫他來搬或者給他送過去，但是如果你想把一座住宅送人，就不能這麼方便了。

再次是可以「撿便宜」。

因為黃金是一種國際公認的硬通貨，有無買家承接根本不用擔心。如果你拿黃金去抵押貸款，銀行、當鋪會給予黃金價值90％以上的短期貸款。但如果你拿住房抵押的話，銀行、典當行給出的款額最高不會超過房產評估價值的70％。

最後是可以「有保障」。

因為黃金市場屬於全球性的投資市場，至今還沒有哪一個財團或者國家具有操控它的實力，所以黃金的市場價格非常透明，其價格完全真實地反映了市場的供求關係。這樣，黃金投資者也就得到了很大的安全保障。國際市場的黃金價格由全球各個交易所接力確定，二十四小時不間斷，其中倫敦黃金市場的交易價格是全球黃金價格的風向標。

人類在幾千年的時間裡，共開採了15萬噸的黃金。其具體分佈是：

1. 約有6萬噸黃金（佔總量的40％）是作為可流通的金融性儲備資產，存在於世界金融流通領域，其中各國的官方金融儲備約為3萬多噸，另外2萬多噸黃金是國際上私人和企業所擁有的民間黃金儲備。

2. 約有9萬噸黃金（佔總量的60％）是作為一般性商品狀態存在，如存在於首飾製品、歷史文物、電子化學等工業產品中。需要注意的是，這9萬噸黃金，其中有很大一部分可以隨時轉換為私人和民間力量所擁有的金融性資產，參與到金融流通領域中。

雖然在世界黃金儲備資產中，有很大一部分是掌握在各國政府手中，但它們不是當前世界黃金市場的主要交易物件，世界黃金市場的價格走勢也不是由各國政府所決定的，各國政府的售金或買金意願並不能左右黃金價格變化的大趨勢。

世界黃金市場的參與主角是民間力量，如各種類型的投資基金，國際大財團、大銀行以及大保險公司等，另外還有數量最龐大的人群就是各類黃金投資經紀商下面聯結的分佈在世界各國的散戶黃金投資者。這些黃金市場上的民間投資力量構成了當前世界黃金交易量的95%以上。

走進耀眼的黃金市場

有蔬菜的買賣就要有蔬菜市場，有魚蝦的買賣就要有海鮮市場，同樣，有黃金的買賣就要有黃金市場。目前世界上主要有四大黃金市場，它們分別是：

1 倫敦黃金市場

倫敦黃金市場歷史悠久，其發展歷史可追溯到300多年前。1804年，倫敦取代荷蘭阿姆斯特丹成為世界黃金交易的中心，1919年倫敦金市正式成立，每天上午和下午進行兩次黃金定價。由五大金行定出當日的黃金市場價格，該價格一直影響紐約和香港的交易。倫敦市場黃金的供應者主要是南非。1982年以前，倫敦黃金市場主要經營黃金現貨交易，1982年4月，倫敦期貨黃金市場開業。目前，倫敦仍是世界上最大的黃金現貨交易市場。

倫敦黃金市場的特點之一是交易制度比較特別，因為倫敦沒有實際的交易場所，其交易是透過無形方式——各大金商的銷售聯絡網完成。交易會員由最具權威的五大金商及一些公認為有資格向五大金商購買黃金的公司或商店所組成，然後再由各個加工製造商、中小商店和公司等連鎖組成。交易時由金商根據各自的買盤和賣盤，報出買價和賣價。

倫敦黃金市場交易的另一個特點是靈活性很強。黃金的純度、重量等都可以選擇，若客戶要求在較遠的地區交收，金商會報出運費及保費，同時也可按客戶要求報出期貨價格。最通行的買賣倫敦金的方式是客戶可無須現金交收，即可買入黃金現貨，到期只需按約定利率支付利息即可，但此時客戶不能獲取實物黃金。這種黃金買賣方式，只是在會計帳上進行數字遊戲，直到客戶進行了相反的操作平倉為止。

2 蘇黎世黃金市場

瑞士蘇黎世黃金市場，是二戰以後發展起來的國際黃金市場。由於瑞士特殊的銀行體系和輔助性的黃金交易服務體系，為黃金買賣提供了一個既自由又保密的環境。瑞士不僅是世界上新增黃金的最大中轉站，也是世界上最大的私人黃金的存儲中心。蘇黎世黃金市場在國際黃金現貨市場上的地位僅次於倫敦。

蘇黎世黃金市場沒有正式組織結構，由瑞士三大銀行——瑞士銀行、瑞士信貸銀行和瑞士聯合銀行負責清算結帳。三大銀行不僅可為客戶代行交易，而且黃金交易也是這三家銀行本身的主要業務。蘇黎世黃金總庫建立在瑞士三大銀行非正式協商的基礎上，不受政府管轄，作為交易商的聯合體與清算系統混合體在市場上起仲介作用。

蘇黎世黃金市場無金價定盤制度，在每個交易日任一特定時間，根據供需狀況議定當日交易金價，這一價格即為蘇黎世黃金官價。全日金價在此基礎上的波動不受漲跌停板限制。

3 美國黃金市場

美國黃金市場主要由紐約和芝加哥兩個交易所組成，它是在20在世紀70年代中期發展起來的。其產生的主要原因是1977年後，美元貶值，美國人（主要是以法人團體為主）為了套期保值和投資增值獲利，使得黃金期貨迅速發展起來。目前紐約商品交易所和芝加哥商品交易所是世界最大的黃金期貨交易中心，它們對黃金現貨市場的金價影響很大。

以紐約商品交易所為例，該交易所本身不參加期貨的買賣，僅提供一個場所和設施，並制定一些法規，保證交易雙方在公平合理的前提下進行交易。該所對進行現貨和期貨交易的黃金的重量、成色、形狀、價格波動的上下限、交易日期、交易時間等都有極為詳盡和複雜的描述。

4 香港黃金市場

香港黃金市場已有90多年的歷史，其形成是以香港金銀貿易場的成立為標誌。1974年，香港政府撤消了對黃金進出口的管制，此後香港金市發展極快。由於香港黃金市場在時差上剛好填補了紐約、芝加哥市場收市和倫敦開市前的空檔，可以連貫亞、歐、美，形成完整的世界黃金市場。其優越的地理條件引起了歐洲金商的注意，倫敦五大金商、瑞士三大銀行等紛紛來港設立分公司。他們將在倫敦交收的黃金買賣活動帶到香港，逐漸形成了一個無形的當地「倫敦金市場」，促使香港成為世界主要的黃金市場之一。

除了以上四大黃金市場外，日本東京、新加坡以及上海的黃金市場，也是世界黃金市場的重要組成部分。

無論哪一個黃金市場，都必須要有源源不斷的黃金來源，才有交易可言。一般來說，黃金市場的供應來源主要有：前蘇聯向世界市場出售的黃金、世界各產金國的新產金、私人拋售的黃金、還原重用的黃金以及國際貨幣基金組織和一些國家官方機構拋售的黃金。

黃金是一種永久的財富，幾千年以來，一直散發著耀眼的魅力，黃金市場的誕生和發展是世界經濟發展的產物。全球的黃金市場一直都處在不斷發展變化中，要想從事黃金投資，就必須關注和瞭解這些市場的情況以及發展動態，有了充分全面的瞭解才能為投資打下成功的基礎。

投資黃金的五大優勢

黃金價格無論如何變化，由於其內在價值較高，從而具有一定的保值和較強的變現能力，與其他投資工具相比，黃金投資具有很多優勢。

1 黃金交易品種單一，市場公開透明。

投資股票，你首先要面對的問題就是選股：先選準板塊，再搜尋板塊中的龍頭或黑馬。無論是國內還是國外的股市，都有上千隻股票。由於資訊的不對稱，投資者往往比較盲目，要想找到一隻或幾只好股票，實在不是一件容易的事情。而如果投資黃金，投資者只需要選擇黃金交易這一個產品就可以了。

影響黃金價格變動的各種因素和資訊完全公開透明，例如：黃金存量、年產量、開採成本、工業及首飾業用金需求、美元匯率、石油價格等，都可以透過網際網路等媒體迅速獲知。

2 黃金市場難以出現莊家，無操縱價格行為。

任何地區性股票市場都有被人為操縱的可能，但黃金市場卻不會出現這種情況。黃金市場是全球性的投資市場，交易品種單一，價格公開透明，且交易量巨大（日交易量超過20萬億美元）。沒有哪個機構具有操縱黃金市場的資金實力。投資者無須擔心投資安全。

而在股市或期市上，每支股票、每個期貨品種都有一家或幾家或大或小的莊家駐足，價格的走勢主要取決於莊家「意願」，中小投資者在與莊家的博弈中往往處於弱勢和被動地位。

3 與股市、期市相比，黃金價格變動相對溫和。

在現貨黃金交易市場上，金價的日漲跌通常在每盎司 2.0—3.0 美元之間，年漲跌幅度一般在每盎司50—60美元之間。如果金價在一天內波動超過5美元或1%，則屬於明顯波動，影響力空前巨大。2001 年，美國 911 事件發生當天，在避險買盤的強力推動下，金價急速上漲17美元／盎司，日漲幅達到 6.22%。但這種波動幅度對股票市場而言，卻是十分稀鬆平常。

在期貨市場上，一些期貨品種從漲停又打回跌停，或由跌停拉到漲停，也屢見不鮮，這種價格劇烈波動的風險連專業投資者都無法控制。因此說黃金是世界公認的最佳保值、避險和投資工具，實不為過。

4 與買賣股票相比，現貨黃金實行雙向交易，有更多的獲利機會。

現貨黃金交易實行做空機制，可以先買入再賣出，亦可以先賣出再買入。這樣在金價上漲、下跌的趨勢和每天價格波動中，投資者都有獲利空間。

黃金交易實行 T+0 交易，每天可以多次交易，製造更多盈利機會，提高資金使用效率。而國內股市交易實行 T+1 制度，投資者買入後，到第二天才能賣出，這樣不僅降低了資金使用效率，而且投資者只能被動地接受當天的股價走勢，從而增加了投資風險。

5 現貨黃金交易實行保證金制度，以小博大，投資與投機兩相宜。

現貨黃金（如：倫敦金）交易實行保證金制度，每手 100 盎司黃金的交易，只需要 1000 美元的保證金，其槓桿作用非常明顯。從獲利的能力來看，金價每波動 1 美元，一手就會有 100 美元的收益，一手黃金合約可以有一倍、甚至數倍的回報率。

對於黃金現貨交易，投資者有權進行交割，如果投資者以低保證金購買 100 盎司黃金現貨，在以後的一段時期內，儘管金價上漲，投資者仍然可以按當時的買入價提貨。當然，投資者也可以透過差價進行平倉獲利，而不必進行交割。投資與投機兩相宜。

另外，根據黃金交易規則，當投資者帳戶結餘資金為零時，如果不及時補交保證金的情況下，經紀公司會選擇為投資者強行平倉，以降低投資損失及避免出現超額虧損，從而使投資損失控制在一定範圍內，避免更大損失。

黃金價格由誰決定

黃金是很多投資者都不陌生的一種投資產品，其交易量十分巨大，日交易量超過20萬億美元，沒有任何財團和機構能夠人為操控如此巨大的市場。黃金市場沒有莊家，市場規範，法規健全，自律性強，黃金價格的浮動完全依靠市場供求自發調節。

黃金市場是一個全球性的市場，可以24小時在世界各地不停交易。全球各大金市的交易時間，以倫敦時間為準，形成倫敦、紐約（芝加哥）、香港連續不停的黃金交易：倫敦每天上午10：30的早盤定價揭開美國金市的序幕；紐約、芝加哥先後開盤，當倫敦下午定價後，紐約等地仍在交易，此時香港亦開始進行交易。倫敦的尾市影響美國的早市價格，美國的尾市會影響香港的開市價格，而香港的尾市和美國的收盤價又會影響倫敦的開市價，如此迴圈。

那麼，國際市場上的黃金價格到底由哪些因素決定呢？

影響黃金價格的因素有很多，如國際政治局勢、經濟發展狀況、一些主要國家的匯率及利率變化、各國央行對黃金儲備的增減、黃金開採成本的升降、工業和飾品用金的需求等。個人投資者要想準確把握黃金價格的短期走勢，十分困難。但投資者可以參照黃金與美元、黃金與石油、黃金與股市之間的互動關係、與商品市場的聯動關係，以及黃金市場的季節性供求因素、國際基金的持倉情況等因素，對金價走勢進行相對比較簡單的判斷和把握。

1 美元匯率

美元匯率是影響金價波動的重要因素之一。通常在黃金市場有美元漲則金價跌；美元降則金價揚的規律。

2 國際原油價格

原油價格的變化會導致通貨膨脹，而黃金可以抵禦通貨膨脹。原油價格上漲，通貨膨脹的機率加大，人們就會買進更多黃金以抵禦通脹。所以，一般原油價格上漲，黃金價格也會上漲。

3 黃金現貨市場供求

黃金現貨市場的供求呈季節性變化，上半年是黃金消費淡季，第二季度最淡，從第三季度開始，消費需求呈上升態勢，逐漸升高，到年底時達到高峰，黃金價格也隨之逐步上升，呈季節性變化。

4 國際重要股票市場

通常情況下，股市下跌，黃金價格就上漲，股市上漲，黃金價格就下跌，這一點與美元匯率很相似，兩者呈反向關係。由於我國內地股市相對比較封閉，因而滬深股市的漲跌與黃金價格走勢關聯度不大。

5 國際基金持倉水平

全球性貨幣信用危機引起的匯率不穩，給基金市場帶來更多風險，為了應對風險，國際對衝基金紛紛介入黃金市場及其他商品市場，導致黃金價格大幅上漲。所以，要想準確判斷黃金價格走勢，國際基金持倉水平的變化也是一個要密切關注的方面。

6 國際商品市場

各國或地區對有色金屬等商品的需求，投資者的投機炒作等也會影響到黃金價格，這是商品市場價格聯動性的體現。所以當投資者預測黃金價格走勢時，也要對有色金屬等國際商品市場的價格走勢予以關注。

此外，一些主要國家（尤其是美國）的財政貨幣政策、國際收支狀況，以及國際政局動盪引發戰爭等，都會國際市場的黃金價格帶來一定影響。以美國為例，如果美國實行積極的財政貨幣政策，國際收支狀況持續惡化，必然引起美元貶值，人們自然會拋售美元，購進黃金，從而導致黃金價格上漲；至於戰爭對金價的影響更是不言而喻，誰都知道「亂世黃金，盛世收藏」的道理。

如何進行黃金投資

黃金歷來是財富和高貴的象徵，但隨著社會經濟的發展，黃金的經濟地位和應用範圍也在不斷發生著變化，它不僅僅是「珠光寶氣」的奢侈消費品，同時也是「老少皆宜」的大眾投資品。

那麼，我們應該如何進行黃金投資呢？

一、實物黃金投資

實物黃金，即金條，通常分為投資性金條和飾品性金條。

投資性金條，加工成本低，價格與國際黃金市場價很接近，購買簡單，出售簡便，不徵收交易稅，標準化交易，24小時報價，全世界都能買到，是最適合做投資的品種。

飾品性金條（也叫收藏類金條），即我們通常所見的紀念性金條、賀歲金條等。雖然這種類型得金條具有收藏價值，但其價格遠遠高於國際黃金市場價格，出售兌現較難，而且會出現折扣損失。

在進行黃金投資之前，我們一定要先學會區分「投資性金條」和「飾品性金條」。一般來說，飾品性金條不適合作為金融投資品，只有投資性金條才是投資實物黃金的最好選擇。投資性金條有兩個主要特徵：其一，投資性金條價格與國際黃金市場價格非常接近（因加工費、匯率、成色等原因不可能完全一致）；其二，投資性金條可以很方便地再次出售兌現。

對普通投資者來說，最好的黃金投資品種就是直接購買投資性金條，可以隨時隨地購進和拋出，各種附加費用很低，世界上大多數國家和地區對黃金交易都不徵交易稅。投資性金條一般由黃金坐市商報出買入價與賣出價，在同一時間報出的買入價和賣出價越接近，則其交易成本就越低。

那麼，投資者到哪裡去購買金條呢？

通常，我們可以透過金店、銀行、黃金延遲交收業務平臺等三種通路來購買。但不是每種通路都適合自己，我們在選擇的時候要弄清楚。

首先是金店。金店賣的一般都是飾品金條，此類金條的收藏價值大於投資價值。買入和賣出時的價格相差很大，適合收藏，不適合投資。所以不建議透過金店通路來投資。

其次是銀行。銀行賣的一般就是標準金條、金幣等產品，還有各種針對個人的黃金業務。比如紀念金幣，它是由台灣銀行發行的一種黃金理財金幣，風險小，保值程度高，即使貶值也損失不了多少。因此，銀行是一條很好的黃金投資通路。

最後，是時下很流行的黃金延遲交收業務平臺。所謂黃金延遲交收，也就是當你按即時價格買進或賣出金條後，可以等到第二個工作日以後的任何一個工作日，再進行實物交收。你可以透過此業務平臺購買實物金條，也可以透過延遲交收日來尋找最佳契機「低買高賣」，獲得投資利潤。所以，這個通路也是一種不錯的選擇。

二、紙黃金投資

除了實物黃金外，還有一種「看不見摸不著」的黃金——「紙黃金」。所謂「紙黃金」，就是個人黃金存摺（即虛擬黃金）。紙黃金投資業務，就是指投資者在帳面上買進賣出黃金賺取差價獲利的投資方式。與實物黃金相比，紙黃金全過程不發生實金提取和交收的二次清算交割行為，從而避免了黃金交易中的成色鑑定、重量檢測等手續，省略了黃金實物交割的操作過程，對於有「炒金」意願的投資者來說，紙黃金的交易更為簡單便利。

投資者購買紙黃金獲得其所有權之後，所持有的只是一張物權憑證，而不是黃金實物本身，不發生實物黃金的提取和交割。進行紙黃金交易的投資者，一般都是根據國際黃金市場的波動情況進行報價，透過把握市場走勢低買高賣，賺取差價。

相對於實物黃金和黃金期貨等黃金理財產品，紙黃金投資具有以下優勢：

其一，價格真實。紙黃金的報價緊跟國際市場的黃金價格，24小時不間斷地進行交易，市場容量遠大於國內黃金交易市場。

其二，投資門檻低。目前開展黃金存摺交易業務的幾家銀行規定，紙黃金交易起點為1公克的整數單位，也就是說，黃金存摺的投資門檻在1200元台幣左右。

其三，開戶容易，操作簡單。投資者只要帶著身份證和不低於購買1公克黃金的現金，就可以到銀行櫃臺開設黃金存摺買賣專用帳戶；開設帳戶後，投資者按照銀行「黃金存摺投資指南」，即可進行紙黃金買賣。

其四，投資者不必為保管黃金操心，也無需支出保管費用。

其五，黃金存摺的交易手續費比實物黃金要低。

由於黃金存摺投資門檻較低，操作方便簡單，交易費用低廉，目前已經吸引了相當數量的個人投資者參與。現在國內提供黃金存摺交易的基本都是實力較強的商業銀行，投資者進行黃金存摺投資，直接到商業銀行開設黃金存摺買賣專用帳戶即可進行交易。

需要指出的是，投資者無論選擇投資實物黃金還是黃金存摺，在投資之前，都需要掌握一些黃金投資的基本知識，如影響黃金價格的政治、經濟因素，分析價格走勢的技術方法等；此外，投資者還要對自身的風險承受能力、盈利預期、資產配置比例等做到心中有數。

黃金投資的三大「錯誤」

實物黃金作為一種大眾投資品，如果你平時的工作非常忙碌，沒有足夠時間經常關注世界黃金的價格波動，不願意也無精力追求短期價差的利潤，而且又有一些閒置的資金，最好投資實物黃金。購買黃金金條後，將它們存入銀行保險箱中，做長期投資。

由於廉價美元的超量供應，美元幣值不斷下降，因而造成全球性通貨膨脹愈演愈烈。2008 年的全球金融危機讓很多投資者都經歷了收入下降和財富縮水的巨大痛苦。面對如山崩般跌宕起伏的股市、期市，老百姓的「錢包」怎樣才能安全呢？

由於黃金兼具避險和保值的雙重功能，因而越來越受投資者的青睞。最近幾年來，黃金價格一路飆升，各銀行黃金業務也都出現「井噴」之勢。一片繁榮的黃金市場背後，不少投資者其實對黃金投資的瞭解並不充分，尤其是在實物黃金投資方面，存在很多錯誤。

那麼，投資者在進行實物黃金投資的時候，應該注意避免哪些錯誤呢？

錯誤一：購金首飾等於投資黃金

有些人喜歡買些黃金首飾，覺得一方面可以做配飾，另一方面還能做投資。其實這種「透過購買金銀飾品進行黃金投資」的方式是不可取的。因為，黃金首飾作為一種裝飾品，售價中包含了設計費和加工費等，並且轉讓時會因折舊存在較大折扣。因此，黃金首飾並非保值增值的最佳投資品種。

錯誤二：收藏類金條更值得投資

收藏類金條數量有限，具有一定的收藏價值，那麼，這種金條是理想的投資方式嗎？收藏類金條其實是黃金和藝術的組合，說是一種藝術品更為恰當一些。藝術品的價值受稀缺性和投資者偏好的影響，判斷它的投資價值也就需要更多的因素分析。另外，收藏類金條一般會以高於其金原料價值以上較高的價格向市場發行，投資成本較高，而且目前市場上還沒有固定的回收通路，變現時其價格會大打折扣。因此，收藏類金條的投資價值並不很高。

錯誤三：黃金保值只漲不跌

黃金作為一種國際「硬通貨」，其保值和避險功能是毋庸置疑的。那麼，黃金投資是不是就沒有投資風險了呢？當然不是這樣的。因為既然黃金是一種商品，那麼它就必然會受到市場供求的影響，有漲有跌。因此，投資者不能盲目跟從入市，在涉足黃金市場之前一定要先做好各種投資「功課」，瞭解黃金市場的價格走勢、交易規則，並合理規劃好黃金投資在各種理財產品中的比重。這樣，你才能在利用黃金進行資產保值避險的同時，從中獲得收益。

第三篇

會花錢，老本才能吃得長久

第十一章 購物是一門大學問

買打折貨，省錢？丟臉？

如果說棒球能激發男人們的瘋狂，那麼打折就能引起女人們的尖叫。最早，打折是為了儘快出售掉積壓的商品，如今打折已經成為商家促銷產品的最常用手段。

然而，並不是所有的人都支援購買打折商品，有不少人覺得買打折商品就是丟臉、小氣的表現。你可別以為說這話的就一定是有錢人，某些受薪階層和普通白領也對打折商品嗤之以鼻，那麼究竟買打折貨是省錢呢？還是丟臉？為了可憐的虛榮心，而浪費大把的鈔票，這與我們倡導的務實理性的理財觀十分相悖。

在各種各樣的打折商品中，的確有一些商品是真正的物超所值。不過，也有很多情況是商家為了誘導消費者而設定的陷阱。每當我們走進商場，來自於宣傳單和銷售員的誘惑就包圍了我們，面對跳樓價、折扣券、滿額禮、贈品等強大攻勢，很多消費者馬上就會「繳械」，而不能理性地去看待打折促銷的花招。

如果你發現了自己想買的某種打折商品，最好再到其他的地方轉一圈，冷靜幾分鐘後再決定是否購買。例如，當你準備購買一件衣服的時候，要綜合考慮自己衣櫃中已有的服飾，避免風格重複或搭配不上。千萬不能看到打折商品就蜂擁而上，因為打折商品常常暗藏陷阱，購買之前一定要細細觀察。

商家常用哪些手段來掩飾其打折商品背後的「血盆大口」呢？

商家們最常用的促銷手段——降價

很多商場在打折前，總是先把這些商品的價格提高到超出正常價很多的價位，打折後只不過是降到了正常價位或者略高於正常價。在高折扣的誘惑下，很多消費者不明就裡地「慷慨解囊」，根本不知道其實已經上當了。

就算遇到真正的商品降價促銷，也要把握好時機，不然你買到的永遠不是最便宜的。許多商家在降價的過程中先試探性地小幅度降價，再根據市場反應大幅度降價。精明的消費者會時刻關注商家的促銷活動，先捂緊自己的錢包，到最後一刻再出手。

商品促銷的第二大制勝法寶——抽獎

一些聰明的商家常常利用抽獎對消費者的巨大誘惑，來誘使消費者心甘情願地掏空錢包。抽獎之所以深受廣大商家的喜愛，就是因為抽獎的成本投入實在是比降價少得多，而且大獎還能迅速聚攏人氣，如果再加上一些暗箱操作（不出大獎，或讓自己人中大獎），對於商家來說，可謂是一舉三得。而消費者除了看看熱鬧，什麼好處都撈不到。

商品促銷的第三道溫柔陷阱——滿額禮

在很多商場，會看到「滿 100 送 40，滿 200 送 100」的促銷廣告，這種誘惑有時候比直接降價更吸引人。消費者為了獲得「贈送」的滿額禮，往往會額外購買一些「購物清單」上沒有的物品，以使自己的購物金額達到規定的標準。消費者拿到滿額禮後，又會奔向貨架繼續採購——「反正是白送的，不用白不用」。然而，很多商家對折價券的使用是有約定的，如滿額禮不能全額使用，必須搭配一定比例的現金才可以使用，這樣一來，消費者為了不「浪費」滿額禮，只好咬牙再次掏錢包。

對於各種各樣促銷廣告的誘惑，消費者一定要理性地看待打折商品，不要掉進商家的陷阱裡。面對打折的各色商品要保持克制的心態，這樣才是正確的消費觀念。總之，要理性看待打折促銷，既要省錢，又要有面子，還得有實惠才行。

清單上沒有的堅決不買

常常有人這樣說，「失敗的購物填滿了我的櫥櫃，卻掏空了我的錢包。」對於這樣的人，我們的忠告是：養成有計劃的購物習慣，做到清單上沒有的堅決不買。否則，失敗的購物不僅僅會掏空你的錢包，還會掏空你的人生。

可能有人會說，自己天生就是購物狂，看到想買的東西根本就無法控制。作為消費者，你首先要弄清楚，什麼東西才是你想買的？有些東西對你來說只是便宜，有些東西對你來說只是新奇，有些東西對你來說只是攀比，有些東西對你來說只是心血來潮，真正必需的物品其實沒有那麼多。

很多時候，當你付完錢從店家手裡接過東西後，你才會發現自己的購買行為是多麼的愚蠢。有位顧客逛商場時看到一款最新式的遊戲機，於是花了 10000 多塊錢買回家，結果發現網上沒有這個機型匹配的遊戲，無奈之下只好把將它束之高閣。像這種愚蠢的購物經歷，相信很多人都有過。

要剋制這種購物衝動首先要在購物前，列出一份購物清單，嚴守紀律，按清單採購。可買可不買的東西不買，中看不中用的東西更不要買。

何為「中看不中用」？舉個簡單的例子，一件款式新穎、造型獨特的鴨絨立領短袖襯衫。先不說這件衣服穿出門算不算另類，就說春夏穿上它被鴨絨包得悶熱，秋冬穿上它又無袖冷得要命，厚厚的鴨絨材質還不能套在裡面穿，一年能穿出去的時間屈指可數。這樣一件衣服無疑成了中看不中用的代表。

你的購物清單上還要記得加上一條，不要想當然地「樂觀購買」。比如，愛美的女士看到一些漂亮衣服的合適身材比自己現在的身材要瘦幾公分時，就會安慰自己不出一個星期或者不到半個月，自己就會減下去的。實際上，有些衣服就這樣在箱子底靜靜地躺到它們被送人或扔掉為止。

另外，你還要提醒自己，不是一切打折的、超值的商品都合適你。雖然那些東西看起來很便宜，可是你買回去就會發現，不是用不完，就是不常用。所以，一定要帶著清單逛商場，然後直奔主題，圍繞自己的購物目標進行挑選，至於其他的東西，無論誘惑又多大，也決不看一眼。要做到清單在手，堅決執行，這樣你才能養成良好的購物習慣。

買名牌，逛逛二手店也不錯

自從「環保」和「可持續發展」這兩個概念深入人心以來，二手消費已經成為一種環保時尚新主張，引用一句時下比較流行的話，「二手不是酷，它是一種態度」。

一些新湧現出來的「二手店」，正在帶領著越來越多的人接受一個概念，那就是「每一件二手貨都有一段屬於自己的歷史。」如今，「新二手主義」已經深入人心，它不僅代表著節約和環保，而且是一種懷舊文化和消費時尚。

對於名牌，大家都或多或少的會喜歡，但並不是每個人都能說買就買，毫不心疼。二手貨的出現給了許多想買名牌卻不捨得買的人「一線生機」。

近幾年來，二手生活已經漸漸成了氣候，高檔物品寄賣店、二手服裝店、二手傢俱店等一系列二手店鋪都如雨後春筍般成長了起來，網上的一些二手跳騷市場也風起雲湧。現如今，「二手」觀念正逐漸由被人們鄙視到站到時尚的前沿。

當人們對生活的追求變成感悟和享受以後，二手貨也就漸漸從舊貨市場走進了時尚酒吧，走進了古樸的二手小屋，成為了一種新的時代潮流。

現在很多的企業白領都對二手貨情有獨鍾。安先生是一家外商公司的財務經理，一次偶然的機會，他買到了一個上世紀60年代的二手泰迪熊提袋，這讓他興奮了好幾天，這種買到二手貨的滿足感，是新品根本無法替代的。

二手生活不僅能滿足你對名牌的渴望，而且也是你消費觀念成熟的體現，它代表著一種價值觀念和審美取向的轉變。當你把淘二手貨變成一種興趣，你就會同時養成環保的習慣和懷舊的心態。

在當今這個用得快，丟得也快的社會，二手貨自然而然地成為了年輕人的最佳選擇，既省錢，又環保，而且還能提高個人品位。

法國著名作家杜拉斯說過「與你年輕時相比，我更愛你現在飽經滄桑的容顏。」這句話也成為了當今「二手愛好者」們最常說的經典語言之一。

讓二手生活走進你我的世界，買名牌，不妨去二手店看看。

反季節購物，學會慢半拍消費

上世紀七八十年代，很多人都會笑話一些不會穿衣服的「笨人」，稱他們「冬天穿背心，夏天裹棉襖」。時至今日，這樣的做法反倒成了聰明人的舉動，想要比別人更聰明地省錢嗎？那麼趕緊加入反季節消費的隊伍中來吧。

如今省錢達人們都已經養成了「慢半拍」的習慣，趁著冬天空調最便宜的時候去買空調，趁著夏天冬衣大拍賣的時候去搶購羽絨服，這樣既讓自己省了錢，也讓商家如了意。

商家為了回籠資金，往往把剩餘的過季商品大批量地低價處理，以保證本季節商品的順利生產和供應。所以，只要商家手裡有存貨，就必然會選擇反季節降價銷售，囤積到來年，對他們毫無益處，還不如在最需要資金的時候低成本拋出。因此，你不必擔心商家會不會哪天突然不賣反季節商品了，商業資金回籠就是「慢半拍」們有貨可買的最佳保障。

不過，反季節購物也要注意很多事項，不能一看到反季節商品就統統抱回家。

曾有這樣一則故事：一個外國留學生在中國定居，喜歡和中國朋友一起出去逛街。時值隆冬的一天，他倆到商場購物，恰巧碰到反季節夏裝大促銷。於是他的中國朋友就擠進去買了一件很便宜的夏天衣服，這個外國留學生看了以後很不解，認為自己的朋友在做一件很傻很天真的事情。可是他的中國朋友就解釋給他聽，說這叫反季節購物，現在買來明年夏天穿，既省錢又可以買到好衣服。

於是這個外國留學生受到啟發，也學著中國朋友教給他的反季節購物去買東西。在一場大暴雪過後，他覺得這麼冷的天氣，雪糕一定會降價，就自以為聰明地批發了一冰櫃雪糕，留待第二年夏天吃。當那位中國朋友再去看望他時，他得意洋洋地講起了自己的一冰櫃雪糕，弄得別人哭笑不得。

透過這個故事，我們可以看出，並不是所有東西都可以反季節購買的。有些東西具有很強的季節性，一方面在本季節基本上不會積壓，另一方面無法持續到來年再用，特別是食物類的商品，輕易不要反季節購買。並不是所有的飲品都像白酒一樣「越陳越香」，也並不是所有的食物都想山參那樣「越老越補」。所以在反季節購物時，千萬要選對購買的物件，不能看到什麼買什麼。

反季節購物裡需要注意的不僅僅是像老外買雪糕這樣尷尬事情，根據家庭和個人的實際情況購買也是非常值得注意的。有時候你在買一件商品時，沒有預計來年的實際需要，導致你買的東西現在看起來雖然很好，可是到了第二年卻根本用不上。

馬小姐是個反季節購物的達人，經常去掃蕩各大超市和商場的反季節商品。有一年冬天的時候，她興致勃勃地買下了家裡第二台空調，回家後還跟老公講這個空調是如何便宜，如何好用。可是老公一句話就點醒了自我陶醉的馬小姐：明年夏天孩子該出生了，坐月子的時候是不能吹空調的，客廳裡原有的那台空調都不能開，這一台你又準備放在哪裡呢？

反應過來的馬小姐立刻打電話退掉了那台空調。像馬小姐這樣，只看到了空調打4折，卻連自己的預產期都忘記了，實在令人哭笑不得。

馬小姐的這種情況是對未來情況的預計不足，還有些反季節消費者是對當下情況的分析不當。特別是一些女性消費者，當看到便宜又漂亮的反季節衣物時，就會忍不住想買，哪怕那件衣服寬鬆一些或者當前根本穿不下去，也會安慰自己說，反正又不是現在穿，等來年穿的時候我就會減肥成功，或者衣服洗多了就會縮水。這種「樂觀」購物的結果，必然是導致一件又一件的衣服被打入「冷宮」。這些都是錯誤消費意識導致的「盲動消費」。不根據具體情況胡亂購買，到頭來不是浪費錢財就是花錢買罪受。

諸如此類不理智的反季節消費是不能提倡的，消費者要利用反季節消費省錢，而不是往裡搭錢，所以，「慢半拍」要慢得有技巧，學會在合適的時間，買合適的東西，才算是掌握「慢半拍」的精髓。

超市兵法：幫你省下每一毛錢

自從有了量販店以來，無論男女老幼一律加入了瘋狂購物的大軍。你有沒有這樣的經歷：在一次次量販店購物的過程中被各色商品打得「落花流水」，摸著「日漸消瘦」的錢包狠狠丟下一句「這個月再也不來超市了」！結果沒出幾天，同樣的悲劇又在你身上上演，而且就連敗退時所放的狠話都和上一次如出一轍。

那麼，有沒有什麼「兵法韜略」能讓你在「超市購物戰」中立於不敗之地呢？下面我們就一起來看一看「超市達人是怎樣煉成的」。

第一篇：籌劃篇

《孫子兵法》云：「知己知彼，百戰不殆。」在吞金如虎的量販店裡，只有做好完全的準備才能克敵制勝。

知己。進量販店之前要制定好一個詳細的購物計劃，把必買品列出來，把可買可不買的商品也列出來，把堅決不能買的幾樣商品也列出來，並畫上紅圈，以示警告。知道自己需要什麼，自己不需要什麼，買哪些東西既會浪費錢又容易買上癮，這樣帶著計划進量販店，才不會「盲目臨敵，倉惶迎戰」。當計劃制定好以後，再根據必買品的總錢數略微多帶一些即可，這樣，從金額上就限制了自己亂買東西。

知彼。瞭解你要去的那家量販店最近幾天的促銷資訊，還有那家量販店哪類東西的價格比較便宜，哪類東西的價格比較昂貴。平時閒暇的時候，多收集一些你經常去的那家量販店的促銷宣傳單，這樣你就能做到「知敵若知己」，不打無準備之仗。

第二篇：謀劃篇

《孫子兵法》云「上兵伐謀」，高明的謀略可以左右一場戰爭。去量販店同樣需要細心謀劃一番，制定出總體的策略，這樣才不會造成「以無心對有心」的後果。謀劃篇裡推薦三條「錦囊妙計」，幫你「保」住錢包。

首先，在可以選擇提籃子的情況下就不要選擇推車。因為提籃本身的容積限制了你的購買量，而且如果是女性的話，在重量不斷增加的情況下，你就會想著儘快結束這次購物，而不是對著可買可不買的東西流連忘返。當然，如果你能做到空手進量販店，效果會更佳。因為手中商品的重量和體積總會很好地抑制你的購買慾望。

其次，不要帶小孩子去量販店。如果你計劃好了去量販店購物，那麼你就自己一個人去，不到萬不得已不要帶上小孩子。孩子的天性就是愛吃且貪玩，到了量販店保不準就會要這要那，到時候你不買，孩子來個一哭，二鬧，三打滾，讓你消受不起。帶著小孩子去量販店的人沒有一個不增加計劃外開支的，吃的喝的玩的，小孩子樣樣好奇，所以，去超級儘量不要帶著孩子一起去。

最後，固定去量販店的時間，不要沒事就往量販店亂跑。這一點很重要，如果不規定每個月去幾次量販店的話，那麼很有可能以上的辦法都會失效。有意識地減少去量販店的次數，就會節省很多不必要花的錢。

第三篇：臨敵篇

《孫子兵法》云：「兵者詭道也」，敵人永遠是狡猾的，沒有敵人會直接告訴他有多強，聰明的敵人只會告訴你他有多弱，當你真的相信時，看似弱小的敵人會突然變得很強大。

首先，別被低價矇了眼。許多量販店會把可樂、洗髮精，衛生紙一類的生活常用品的價格定得比較低，因為這些商品的市場價格百姓都很瞭解。如此定價的目的，就是為了讓顧客認為這家大賣場的東西很便宜，從而忽略了其他商品的價格對比。對這類日用品的低價格不必太在意，因為這類商品各家量販店的價格不會有多大差別，低也低不到哪裡去，真正需要注意的是，自己所要購買商品的價格和品牌，並注意比較。

其次，耳朵根子不能軟。許多廠家都在大賣場安排自己的促銷員，這些促銷員通常只介紹自家的產品。往往，我們並不知道這些商品的優劣，容易造成一定的盲目性，所以不要輕信他們的

「一面之詞」，最好能多找幾個不同品牌的商品來比較，這樣才有利於你做出正確的選擇。

另外，有不少食品廠商會直接到量販店門前擺攤促銷，活動搞得很煽情，讓人覺得不買就像吃大虧了似的。這時，就需要購物者保持冷靜，認真想一下，此特價商品是我所需要的嗎？商品的保質期到哪天？如果你貪一時的便宜，把許多特價食品買回家，保鮮期一過，非但得不到便宜，還要搭上一份懊悔之心。

量販店天天都會有打折和促銷，沒有一天例外，面對這些「誘惑」，你要做的就是三思而行，熟練掌握並運用「量販店兵法」——「去前籌劃，去時謀劃，從容臨敵」，不要讓量販店成為你錢包「大減肥」的傷心地。

商場購物之兵法大全

如果你想購買衣服鞋帽、傢具家電等耐用或大件消費品，那麼百貨公司是一個不錯的選擇。說到百貨公司購物省錢，你可能最先想到的就是在百貨公司打折期間去採購。其實，百貨公司購物除了利用打折省錢外，還有很多其他訣竅。

一、百貨公司試穿，網上下單

在百貨公司的專櫃裡試穿試用，找到適合自己穿的衣物的牌子、尺碼、款式，再到網上去下單購買，這種方式省錢又實在。你要做的就是，提前做好各種準備工作，比如記下商品的編碼，在網上和線下對商品進行充分的對比，確保商品不是水貨。

在網上下單前，最好先對比一下網上和專櫃的價格，確定網上的價格比實體店便宜再下單，如果網上價格和實體店差不多，則沒有必要從網上購買。

此外，為了確保從網上購買的商品是「正貨」，購買前，最好與店主多溝通，關注賣家的信譽、銷售記錄，認真閱讀交易規則和附帶條款，注意是否能退貨以及商品的尺寸、質地等。通常來說，選擇熟人朋友購買過、推薦的店鋪或比較有保障。

二、特價還能再「特價」

對特價商品，經銷商往往會說「這都已經是特價了，真的不能再便宜了」，其實事實並非完全如此。很多品牌都會要求經銷商每個月達到一定數量的銷售額後才能享受更低的進價或者更高的利潤獎金，因此有些商家在完不成任務時，甚至會自己購買一定數量的產品存起來，以確保進價和獎金。

如果這些商品存放的時間太長，不僅佔庫存，還容易因為過時造成積壓，因此商家往往會在店慶、黃金週的時候把這些商品做特價銷售。這個時候往往是商家最「脆弱」的時候，因為一旦促銷不出去，就意味著商品還要繼續佔庫存，因此在價格上很容易出現鬆動。

所以，當你遇上特價商品的時候，不妨試著再討點優惠，再殺點價。

三、同店不一定同價

「我們都是一家的，您到哪裡買都是這個價」，在購物的過程中，我們經常聽到這樣的話，而「一店不二價」的看法在很多消費者心中也是定律。但據「內部」人士透露，別說不同的店，即使真是同一家店，同樣的商品也有可能出現價格不相同的情況。

這裡面有兩種可能：一是雖然都是廠家派駐的銷售員接待你，雖然銷售員手裡的銷售底價一樣，但是有的銷售員希望自己的提成多點兒，有的銷售員則抱著「薄利多銷」的想法，因此出現了同店不同價的情況；二是為了開啟銷路，爭取到更多的消費者，那些地點相對不太好、客流量較少、場租相對便宜的市場報出的價格就可能低些。

巧盤算，細琢磨，讓有限的花費換取更有價值的商品，既滿足了自己的生活所需，又能充分體會到購物的快感和殺價的成就感，這樣的美事何樂而不為呢？

網上購物的六個訣竅

當購物狂在偌大的百貨店跑上跑下，為如何買得划算謀劃得頭昏腦脹時，「先鋒級」的購物狂已經開闢了新的血拼戰場——網路！下面，我們就為你推薦幾個網上購物的訣竅。

一、找新開的店鋪

在網上買東西的時候，如果你稍加留心，就會發現一些剛開的店，價格都比較便宜。因為這些店主為了開啟市場，剛開始銷售的商品價格都相對比較低。有的時候還有一些贈品。不妨先試試這些新店！

二、利用電子折價券和免費券

一份200元的套餐，如果你能出示打折券，有時可以比別人少花三四十元，這種情形在我們的生活中並不少見。問題是，那些打折券都從哪裡而來呢？它們可能是你上次消費到一定額度之後的贈品，也有可能是朋友送給你的禮物，但有一個途徑常常被人們忽視，那就是到商家的官方網站上去直接把它們列印出來，等到買單時你就不會「券到用時方恨少」了。

電子打折券，還有一個集中取得的通路，就是打折網。只要你註冊成為會員後，就可以享受會員服務了，差不多每個月都有新的商家帶著自己的打折券或優惠券加入進來。如果你細心一點，就有機會用很低的價格買到自己想要的商品。

另外，合理利用各個網路商城提供的免單券，也能幫你省不少錢。所謂合理利用，是說該出手時再出手，不能為了把免單券花了而去買一些完全用不上的東西，從而導致得不償失。

三、利用搜索引擎和網上比價系統

在實體店買東西會貨比三家，在網上購物可以貨比百家。所以，網購前花點時間，仔細搜索一下，真正做到了「一網打盡」，既省錢又防騙。搜索引擎提供了最公平的交易平台，眾位賣家可以公平地展現自己。但是，有些網友不會利用「搜索引擎」，從而無法貨比百家。

利用搜索其實很簡單，如果你看中了某件商品，先在購物網站首頁輸入商品名稱↓點選「搜索」按鈕↓在「商品排序方式」裡選擇「價格」排序就可以了。這樣，你就可以簡單快捷地搜到了該商品的貨源。

另外，網上還有很多比價的搜索引擎。針對一個商品，搜索之後就能得到它的各種價格資訊，那個網站最貴，哪個網站最便宜，可以一目瞭然。我們不妨利用一下這個工具，足不出戶，就能掌握了各種商品的賣家資訊。網購時請你一定不要忘了利用比價系統，即使你已經-對某個價格感覺可以接受，但建議你最好還是再搜索一下，沒準你能發現更實惠的價格。

四、信用評價比鑽石皇冠重要

網上開店的人越來越多，當你進入一家網店後，應該注意看哪些方面呢？首先看整個網店是否專業，從圖片、網店設計、商品分類、商品介紹等方面看；其次看信用評價，鑽石還是皇冠不重要，重要的是顧客的評價留言，好評的留言就沒什麼看頭了，中評和差評都要看一看，由此判斷這個賣家是否值得信賴。

在選擇商品的時候，先看照片，最好是實物拍攝的，並且有細節圖；再看商品說明，瞭解商品的詳細資訊；另外還要看售後服務、退換貨等條款，這個非常重要；最後還要看售出的記錄，買的人多不多，評價如何。

另外，要想買到物美價廉的東西，還要多動動嘴皮子，一般信譽度中等的賣家都是掌櫃本人線上，比較好說話，混熟了，打折送禮之類的自然是少不了。

五、安全第一省錢第二

物美價廉是網購的目標，但在注意省錢的同時不要忘了安全。自己的帳號密碼和支付密碼、網銀密碼，不要設定太簡單，也不要設定成一樣的。購買商品時一般不要直接將錢打到對方帳戶，而要透過第三方支付工具，比如「支付寶」就更安全一些。

網上購物的三大絕招

隨著網路的逐漸普及，網上購物已經成為我們生活中的一部分，那麼，如何更好地在網上購物，花最少的錢淘到自己想要的寶貝呢？這裡，我們再向你推薦幾個網購省錢的絕招。

網購第一招：找準商品，瞬間「秒殺」

「秒殺」一詞在網購交易中的解釋是網上競價的一種方式，是指熱門商品一放到網上，幾十件、上百件馬上被一搶而空，有時甚至只用短短几秒鐘。多數參與「秒殺」的商品都是以不可思議的低價呈現，物美價廉的商品自然會在幾秒鐘內「蒸發」。張小姐在網上經常光顧的一家首飾店每次上新品前都先發圖片預告與上新時間，她有一次看中了一條項鍊，價格僅 199 元，質量也不錯，可是在店家上新時，自己「手慢了一點點」錯過了，很是遺憾。

現在有很多「秒殺」高手，每天都會關注各個網店推出的「秒殺」促銷廣告。一有適合自己的「好貨」露出水面，便會瞬間「秒殺」它們。「秒殺」活動已經形成一種獨特的網路購物文化，對於商家來說，利用「秒殺」可以提高人氣和店鋪的訪問量，而對於消費者來說，則可以在省錢的同時，充分享受成功「秒殺」帶來的快感。「秒殺」比的就是速度，如果你出手慢了，就只能「OUT」了。

網購第二招：網路團購，省錢多多

拼車、記帳、關注打折資訊等等這些原本曾經陌生的字眼，現在已經越來越多地出現在很多都市白領的生活中。但是，百貨公司的促銷和打折資訊不是每天都有，況且打折商品往往不是目前的流行趨勢，有的甚至是過季產品，對於追求時尚流行生活的白領來說，最實用的省錢購物方式莫過於網路團購。

所謂網路團購，就是互不認識的消費者，藉助網際網路的「網聚人的力量」來聚集資金，加大與商家的談判能力，以求得最優的價格。根據團購的人數和訂購產品的數量，消費者一般能得到相當大優惠幅度。特別是在傢俱、建材產品、家電等大件商品方面，團購參與的人數越多，商家給予的優惠就越多，購物者就可以節省出一大筆開銷。

透過網路團購，我們既可以買到稱心如意的產品，節省一大筆開銷，又能緊跟時尚趨勢潮流，在當前薪資收入增長緩慢的情況下，網路團購不失為都市白領們省錢的一大絕招。

網購第三招：不買正品，買樣品

所謂的「樣品」，是指與正品相比，數量較少，供顧客體驗試用的包裝，包括贈品等。在如今鋪天蓋地的化妝品廣告中，不論是國際一線還是二、三線品牌都參與到「滿額送試用品」的促銷活動中，8件套、6件套，在此基礎上加贈眼部護理5件套、美白3件套等等花花綠綠的小樣讓人覺得物超所值，而且現在大部分的樣品分量已經達到正品半份裝的容量，15ml的乳液、20ml的潔面液、30ml的乳液足夠你用上一段時間。

這些本該當作贈品、不得買賣的小樣如今有了它獨立的市場，成為非百貨公司銷售商的盈利點與買家的「搶手貨」。

不過，在網上購買樣品時一定要注意是否是正品，最好先去百貨公司「摸底」，查探清楚某個品牌的小樣規格、特點，做到心中有數再在網上購買。畢竟化妝品是要抹在臉上的，千萬別「偷雞不成蝕把米」，把臉蛋弄「壞」了，出不得門見不得人，可不是一件小事。

第十二章 儉遊天下「祕笈」多多

給你的貴重財物尋個好去處

有很多人出門旅遊都會頭疼一個問題，那就是貴重物品怎麼辦？到底放在哪裡才保險？有人說家裡的保險櫃就可以，可是當今社會科技如此發達，破開一個保險櫃而不驚動鄰居的樑上君子大有人在。

銀行的保險寄存櫃也是個不錯的選擇，不過對於一般家庭來說，物品的珍貴程度還不至於花那麼多錢去銀行專門開櫃。那麼到底怎樣處理貴重財物才能讓你的旅行安心呢？告訴你一個貴重財務的好去處——當鋪。

平時大家對「當鋪」這三個字可謂是既熟悉又陌生，電視、文學作品裡沒少出現這三個字，可是現實生活中接觸過這個地方的人還真是寥寥無幾。也許你會發問了，當鋪不就是當鋪嗎？那是買贖物品的地方，怎麼能成為貴重財物的好去處呢？這一點你就錯了，已經有人這麼做過了，而且還對這個方法讚不絕口。

小高是某國立大學的學生，家庭條件比較一般，但是父母對孩子能考上國立大學感到非常欣慰，所以對他的各種要求都儘量給予滿足。父母知道小高想買電腦的想法後，馬上給他買了一台價值數萬元的蘋果電腦。對於學生來說，這個價格的電腦已經是他們所能擁有的最貴重的物品了。

電腦平時用起來很順手，可是到了暑假，電腦的寄存問題讓小高感到很煩惱。因為小高要回老家，帶著許多行李，無暇照料這麼個「嬌氣」的電腦，而和他要好的同學裡又沒有本地人，就算有，電腦放在人家家裡萬一有個「三長兩短」，也有傷同學和氣。

在得到某位高人的指點後，於是小高決定在放假前把自己的電腦「當」掉，然後等暑假放完再「贖」回來。經過幾次諮詢過後，小高弄明白了當鋪的手續，就在放假前一天帶著電腦去辦理了典當手續，提供過身份證影印件和填寫完表格後，小高成功地將電腦寄存進了又安全又省錢的當鋪裡。當小高細心觀察周圍時發現，前來「典當」的大學生還真不少，許多大學生都將自己的貴重物品存在這裡，其中以電腦和貴重的運動器械、3C 產品居多。

對於這種「花錢買平安」的做法，很多大學生都很認可。他們認為，一個假期也就花上幾百塊錢就能把自己所有的貴重物品都存儲妥當，這比放在宿舍裡提心吊膽要強多了。

了解了小高是怎樣寄存東西，那麼你心裡是否有答案了呢？其實只要時間不長，普通老百姓利用當鋪存取貴重物品是再合適不過的了。不但花的錢少，而且有著很高的安全係數，只需要辦理好相關的手續，出門旅遊再也不用為家中的貴重物品發愁了。

出遊要巧打時間差

在當今快節奏的生存壓力下，大多數人都選擇在「長假」期間出遊，這樣也造成了「長假」期間交通擁堵和熱門景點人滿為患的情況出現。交通擁堵往往會讓出遊的人們乘興而出，敗興而歸。好不容易安排一次旅遊，卻把大好時光都浪費在路上，根本無暇領略各地的風情和美景，實在讓人鬱悶。

很多人旅遊之後不但沒能消除疲勞、愉悅身心，反而更加焦頭爛額、身心疲憊。這其中的原因就出在出門旅行的時間選擇上，「長假」期間，「交通擁堵」、「人滿為患」已成了人們假期出遊的熱門關鍵詞。

如果你能合理地安排自己的旅遊時間，比如在長假後半段出遊，錯開高峰期，規避大規模的人流，能讓你的旅遊輕鬆不少。當然，如果選擇在長假結束以後再出遊，效果會更好。目前許多旅行社不但在長假之前摩拳擦掌，長假過後他們仍然「枕戈待旦」，絲毫不敢懈怠，因為他們已經看到了長假之後的商機，而那些錯開了長假的遊客，則是他們的下一個要進攻的目標。

有了旅行社這個指標，我們很容易發現，在高峰期之前或之後旅遊是非常明智的，不僅可以節省錢，而且能避免很多麻煩，真正享受出行的樂趣，根本不需要在人山人海里隨波逐流：坐車排隊、吃飯排隊、購物排隊，甚至上廁所都要「輪蹲」。

安排旅遊計劃的時候，要儘量避免那些三天的小長假，一來時間不夠，二來無法打時間差。連假和春節出行時，可以把遊玩日安排在放假的第一天或最後一兩天，這樣你的外出旅行就會變得輕鬆許多。

食宿要在景區之外

旅遊景區靠什麼賺錢最多？如果你猜是門票，那就大錯特錯了。景區內最賺錢的是為遊客提供衣食住行服務的酒店飯店，這些商家依託「得天獨厚」的地理位置，賺起錢來都是「殺人不見血」，「宰你沒商量」。

打個比方，景區門票在花錢上捅的是「硬刀子」，而景區食宿在花錢上捅的則是「軟刀子」。出門旅遊，你要想進景區，就非買門票不可。但是進了景區的門，卻不一定非在景區住宿，也不一定非在景區吃飯，更不一定非在景區購物，景區內提供的各種有償服務你都可以不接受。一旦你在景區吃、喝、用、住、買，你會發現兜裡的銀子如流水般進了景區商家的口袋裡。既然「硬刀子」無法逃脫，那就只能想辦法對付「軟刀子」。當然，要想不挨「軟刀子」，也不是一件容易的事情，必須提前做足「功課」，否則也就不會有那麼多的遊客栽在景區食宿上了。

要想不被景區食宿這把「軟刀子」宰上幾刀，就得學會應對的方法，最簡單的辦法就是食宿、購物和其他服務都儘量在景區外，在景區外「安營紮寨」需要注意以下兩點：

第一，景區外下榻酒店到景區的距離和交通狀況。

如果你選擇了在景區外下榻，雖然會比景區裡的賓館便宜不少，但是也不要因為省錢而選擇距離過遠的賓館，這樣很容易耽誤你的遊覽計劃——花在路上的時間太多，遊覽景點的時間太少。

另外，你還要考慮住宿地點到景區的交通是否順暢。如果你是開車去的，那麼有必要提前調查並瞭解一下路況，避免因為堵車耽誤行程。如果你選擇乘坐公共交通工具，那就需要提前查詢一下公共交通工具的首末車時間及路上所需的時間，安排好出發的時間，寧可早一點，不要掐著點出門。萬一去晚了影響遊玩的心情不說，還有可能錯過很多按時推出的景區表演節目，或者錯過很多時效觀賞性很強的自然景觀，如日出、日落、江潮、海浪等。

第二，景區外食宿應重點關注衛生安全，不要太過節省。

出門在外，對當地的飲食本來就不甚了了，所以只好以飯店的外部裝潢、服務人員的精神面貌以及室內的整潔程度來判定這家餐廳是否安全、衛生、美味。其實，你在景區外的飯店吃飯，已經等於省下一筆錢了，沒必要再在景區外的飯店上過於算計金錢。外地的餐廳大都是第一次去，具體情況很不熟悉，再加上對當地的醫療衛生狀況也不太瞭解，因此，在外就餐應該把衛生安全擺在第一位，而不是一味省錢。出發之前，可以提前從網上調查一下景點外有哪些既省錢又衛生的餐廳。

雖然很多景區內的賓館和周邊風景是一體風格的，在視覺上固然享受，但是往往要付出比景區外賓館高數倍的價錢。所以不到萬不得已，儘量不要選擇在景區內住宿。景區內的賓館都是「皇帝的女兒」，從來都不愁「嫁不出去」，不僅要價高，脾氣也不大好。兩者的價效比差距非常大。出門之前最好在網上查詢一下，旅遊目的地的景區外都有哪些酒店，必要時，可以提前預定。

不過，景區內遊覽，景區外食宿，免不了要比別人多辛苦一點，可是這能幫你省下不少銀子——有付出自然就有回報。如果你的時間和身體都允許的話，還是建議你旅遊時，儘量將食宿安排在景區之外。

比高鐵票還便宜的機票這樣訂

出門旅遊，交通費是一筆很大的開銷，如何節省交通費是你出遊前首先要考慮的問題。現在，有很多網友經常在網上曬一些超強的購票攻略，現將它們總結如下，供大家分享。

一、瞄準廉價航空公司

要想買到便宜機票先要知道有哪些廉價航空公司。國外的廉航有很多，比如新加坡的捷星和虎航，大馬的亞航，英國的 Easyjet 和瑞安等；相對於一般的航空公司，廉航的機票只有正常票價的1／3，基本上與高鐵票差不多，甚至比火車票的價格還低。

不過，機票便宜，肯定會有些額外的收費服務，比如托運行李要收錢，提前登機要收錢，吃飯喝水要收錢等等，你可以採取的應對策略就是：堅決不要這些額外服務！當然也不能太過頭，比如有人為了省千百元的行李託運費，一下子穿了10多件衣服在身上，這種超級神人一般人還真學不來。

二、時刻關注機票促銷

航空公司每年都會有幾次機票促銷活動，機票的折扣低至幾百元甚至是免費機位。如果你近期有旅遊的計劃，就要每天瀏覽各航空公司的網站，關注機票打折或免費的促銷資訊。一般來說，打折時間多半在航班出發前一星期以內，太早了航空公司還沒有推出，太晚了則被別人搶購一空。所以要把握住時機，該出手時就出手。

有些酷愛旅遊的網友為了搶到免費機位，不惜犧牲睡眠時間，在半夜或凌晨的時候，守在電腦旁隨時準備搶票，得手後再睡回籠覺。即使搶不到免費機位，能搶到超低價的機票也相當划算。以台北飛吉隆坡的機票價格（含稅費）為例，正常價格約為23000元左右，但大馬的亞洲航空經常會推出一些4000元的超低機位。

三、「曲線救國」

如果到目的地的機票很昂貴，不妨飛到目的地附近，再轉汽車或火車，價格會便宜很多。

四、善用中轉聯程

中轉聯程機票，是指始發地到目的地之間經另一個或幾個機場中轉，含有兩個（及以上）乘機聯、使用兩個（及以上）不同航班號的航班抵達目的地的機票。如果你的旅遊時間比較充足，那麼中轉聯程機票將是一個非常好的選擇。合理利用中轉聯程機票進行旅行，不但節省了交通成本，還能增加旅遊觀光機會，一舉兩得。

中轉聯程機票，具有一定知名度的旅遊網站都可以預訂。關鍵在於你要先在網上對比直飛和中轉相差的價格，再選擇省錢、又適合你的中轉城市。不過，使用中轉聯程必須熟知一些注意事項：

1. 在決定中轉之前，先要確定你的時間是否充分；確定可以中轉後，再選擇那些你沒有去過或想再去的地方作為轉機城市。
2. 如果是純粹中轉，最好選擇中間等待時間不超過3個小時的航空公司。否則就選自己沒有去過的城市，停留時間在12小時以上，這樣可以順便旅遊。
3. 中轉航程一般機場稅要多付出一次。
4. 選用中轉航程儘量少帶行李，因為你要多取一次行李。如

五、里程或集點換購

有很多經常出差的朋友因為飛機里程數比較多，自己根本用不完，或者平時單位都有核銷，所以他們會把自己的里程拿出來賣。

另外，利用信用卡集點兌換航空里程，也不失為節省機票費用的好方法。例如使用航空公司聯名卡刷卡消費，每一筆刷卡消費（不含購買房產、汽車及商品批發）或預借現金，每滿20元，即可累積1浬的航空里程。

六、「混團」購票

現在很多年輕人喜歡「混團」出行（也就是機票團購），一幫互相不認識的人在網上相約一起出遊，找到足夠的購票人頭，也就湊夠了包機的人數，這樣自然就可以拿到包機的折扣票價。

如果你能熟練掌握以上介紹的這些訂票高招，只需花費相當於火車票的價格，就能享受乘坐飛機的服務——既體面風光，又經濟實惠，何樂而不為呢？

旅遊住宿費省錢妙招

出門旅行，除了交通費和門票，住宿也是一項大花費。不僅要住得乾淨舒適，還要確保安全經濟，少花錢。如何找到價格最佳的旅店，是每一位遊客都要算計的事情。下面我們接推薦幾個節省住宿費的妙招。

妙招一：利用住宿券，價格便宜一半以上

通常情況下，住宿券價格比訂房網站提供的價格都要便宜一半左右，比起酒店門市價格則更

是「大跌特跌」了。

妙招二：住宿也有「買二送一」

類似「買二送一」的酒店促銷隨處可見，一個標價8600元一晚的四星級酒店房間，一旦連住兩晚以上，房間就可降至4980元。不過，並不是所有的酒店都有「買二送一」的促銷，只有那些檔次較高的星級酒店才有這樣的優惠，而且會要求顧客必須在週末入住。因為這類酒店的主力客源是商務客人，週末會出現一個空檔，酒店為了提高客房住宿率，所以推出「買二送一」的促銷活動。

妙招三：選高檔酒店的低檔房間，勿選低檔酒店的高檔房間

有些高檔酒店因為建築佈局的原因，總有一些條件房屋結構或朝向不好的低檔房間，其價格往往低過普通酒店的高檔房間。由於高檔酒店的整體服務水準比較高，設施一應俱全，餐廳、浴室、健身房等對全體旅客開放，因而你可以低檔的價錢享受高檔的服務。而那些低檔酒店服務水準和配套設施比較差，有些甚至連餐廳和24小時熱水都不具備，即使你入住的是高檔房間，也會為環境嘈雜、生活不便而煩惱。因此，在價格大致相當的情況下，寧願選擇高檔酒店的低檔房間，也不要選擇低檔酒店的高檔房間。

妙招四：勿選車站碼頭附近旅館

要選旅遊景區相對集中的城郊旅館，勿選車站、碼頭附近的旅館。有些遊客為了方便出行，喜歡選擇住在車站碼頭附近。從價效比的角度來看，這樣的選擇其實很不划算：一是價格高，通常比同級旅館高出百分之二十至百分之三十；二是極嘈雜，二十四小時都有客人進出，窗外車鳴

船叫，走廊人聲喧譁，根本休息不好。選擇景區相對集中的郊區旅館，不但安靜，而且環境優美，去玩兒也方便，還可省一些路費。

妙招五：房費不要一次付清，要見「好」思遷

無論住處好壞，都只付一天房費。倘要續住，次日12時前再付一天，不要怕麻煩。這樣不管是計劃有變還是見「好」思遷，都不會有損失。

妙招六：交換住宿，省錢又交友

對於出境旅遊的人來說，還有一種新奇的方式——交換住宿。交換住宿不僅可以讓你出境遊省下很多銀子，而且可以深入體驗到當地的風土人情中。例如你要到紐約旅遊，先在網上尋找交換住宿的紐約網友，線上溝通好一切，留下彼此的地址電話，就一切OK。

現在網路上交換住宿的網站很多，其中比較有影響力的網站有www.couchsurfing.com，www.stay4free.com，www.travelhoo.com等。couchsurfing全球擁有數十萬會員，不過這些網站都是英文網站，想上去查找資訊，得有一定的英文基礎。在這類網站註冊時，一定要提供真實的個人資料，例如在CouchSurfing網站上有三種安全模式，只有你的資料全部真實才能到最高安全級別，並被他人信任。

當你入住旅遊目的地的人家時，別忘了給他們帶些特色的小禮物，另外不要吝嗇你的廚藝，可以幫助你住得更融洽。當你收到旅行者入住自家請求時，你可以告訴對方你家的住宿條件以及要求（如你的作息時間及飲食習慣），並幫助他規劃旅遊線路。

團體旅遊省錢全攻略

如今，出門旅遊作為一種生活方式和消費時尚，早已走入尋常百姓人家。如果你以前很少單獨出行，或者旅遊經驗比較缺乏，那麼選擇一家合適的旅行社，參團旅遊是一個不錯的選擇。不過，要想玩得既開心愉快，又經濟實惠，團體遊也是需要統籌安排的。

一、時機選擇：黃金週後半段出遊比較划算

由於平時忙於工作，無暇旅遊，很多人只好選擇在長假期間旅遊。在人們的印象中，長假內旅遊費用總會貴一些，但仔細比較，7天內的價格還是有高低之分，出行集中的第一天價格最高。因此出行前應仔細研究一下旅行社的報價，選擇在長假後半段旅遊，避開旅遊高峰，用低水準的價格，享受高水準的服務。

二、線路選擇：冷門線路服務有保障

選擇旅遊地點時，儘量選擇一些較冷門的或新推出的旅遊線路。一些冷門線路的相關景區往往會向旅行社推出一些優惠政策，因而門票及附屬賓館的住宿和餐飲等價格也都會相對便宜些。由於遊客的數量少，因此景區的旅遊服務質量也比較有保證，同時還避免了在熱門景區「只見人難見景」的鬱悶。有些旅行社推出的新線由於知名度相對較低，新線路往往推出一些「優惠」來攬客，同時由於人流相對較少，旅遊質量也可以得到保證。不少旅行社都會在長假期間推出新線供遊客選擇。

三、旅行社選擇：價格太低未必好

儘管價格是人們在選擇旅遊線路一個非常重視的因素，但參團時要一定先瞭解清楚所包含的旅遊項目。有的旅行團雖然價格便宜，但出行後有各種各樣的自費項目，如品嚐風味餐、觀看民俗表演、旅遊商店強制購物，這些額外的服務收費和商品價格往往高得離譜，仔細算下來其實並不划算。

一些大旅行社推出的優惠線路，有的是因為包機優惠，有的是因為與景點合作讓利。但要警惕那些小旅行社推出的價格，低得匪夷所思，業內人士指出，旺季這種價格連往返交通成本都不夠，所以參團時要特別當心。另外，有的低價線路是以坐夜班機、住低檔旅店、縮減景點為代價的，參團前一定要搞清楚行程含金量。旅遊專家建議，遊客應儘量選擇那些知名度高、信譽好的大旅行社參團，選擇合適的線路和適中的價格。

四、旅遊方式：半自助省心又省錢

雖然參團旅遊是同樣線路中最省心的方式，但隨著人們旅遊越來越講究個性化，自駕車、自遊人逐漸成為假日旅遊的主力軍。行家對此的建議是：訂房、訂票找旅行社幫忙，行程自己掌握，來個「半自助」，以確保萬無一失。幾個家庭、一個單位組成十幾個人的小團隊，透過旅行社訂房訂票，並聽取他們的行程建議，再根據自身需求進行適當調整，價格雖然比普通團隊略高，但遠低於完全的自助遊，同時還可以享受自遊人的充分自由，省事又省心。這種「半自助」的形式現在也非常流行。

自助遊省錢完全手冊

如果你熱愛旅遊，又不想忍受固定線路和規定行程的限制，那麼你可以選擇自助遊，隨著交通和資訊技術的日趨發達，為自己量身定做一套自助遊的計劃和安排，成為很多人旅遊的首選。不過，需要提醒的是，自助遊除了要有時間和金錢外，還需要很多經驗和技巧，這樣你才能遊刃有餘地暢遊天下，而不至於到處「被宰」，壞了「遊興」。下面我們就從規劃、交通、住宿、用餐、門票等幾個方面為你總結了一套自助遊省錢的完全手冊。

一、規劃篇

1. 淡季出行，是省錢的基礎。
2. 提前做好旅遊計劃，因為越早預訂機票和酒店，享受低價的可能性越高。
3. 路線設計合理，少走重複路，省下的是大錢。
4. 約上幾個朋友一起出行，2至4人的組合比獨行俠要省錢很多。

二、交通篇

1. 購買火車票的時候，別忘了拿免費的交通時刻表。
2. 搭車的時候，最好湊夠四人包租一輛計程車，大家平攤費用。如果不足四人，則提前跟司機講好，如果中途帶人，費用要相應降低。打車之前最好備有地圖，以防司機繞遠路。
3. 很多旅遊景點，都可以選擇協商車價、不用跳表的包車方式。在這種情況下，坐車時應儘量選擇在計程車比較集中的地方，加以比較後再做決定。

4. 坐車或包車時不妨先跟司機套交情，問問他的家是否是你要去的目的地的（不要吝嗇你對他的家鄉的讚美），如果是則可以便宜些。倘若碰上別人包的車返回時，則有更大的還價空間。因為一般司機都會把回程的油錢算在包單程的客人身上，也就是說已經有人幫你把油錢出了。

三、住宿篇

1. 不要一味追「星」，不妨避「洋」就「土」。星級飯館的住宿條件自然上乘，但要想省錢，就不能一味追「星」，而應從實用的角度考慮。旅遊之前打聽一下要去的地方是否有朋友熟悉的條件較好的民宿。如果有，可首選這些民宿，不僅價格便宜，而且安全衛生。

2. 如果沒有適合的民宿，則可以考慮選擇交通較為方便但處於不太繁華地域的旅館。因為這些旅館的價位一般比較便宜，而且還有打折、優惠的可能。另外，一些建在景區內的飯店也可以納入你的考慮範圍，這樣不僅可以節省到景區的交通費，而且還可能省去上百元的門票費，因為有些景區是免收飯店客人的遊覽門票的。

3. 如果想更省錢，還可以選擇當地的青年旅館、家庭旅館。

4. 在大中型城市中轉時，可以選擇三溫暖作為晚上下榻的地點，讓自己在疲憊的旅途中進行一下修整，而且價格非常便宜。

5. 如果是早晨到達，不要馬上去找住宿酒店，因為這時很多客人都還沒有退房，而且揹著行李去不好還價，可以把行李寄存在火車站，先去玩，邊玩邊留意有沒有合適的酒店。黃昏時再去看房砍價。如果這個時候還沒有多少客人入住，則可用較低的價格住下。

6. 入住時要先看房間，再討價還價。住宿費要一天一交，隨時準備見「好」思遷。

7. 住宿登記時，要問清楚包不包早餐，市話費含不含在房價內。如果含，就用房間的電話打市話；如果不含，就不要用房間的電話，因為酒店內的電話都比外面最貴的還貴。

8. 如果入住的酒店有免費的交通地圖，記得一定要拿。

四、用餐篇

1. 品嚐「當地風味」，提前在網上查詢當地的特色餐飲，最好能提前訂好位置。

2. 儘量不要在景區內吃飯，除非景區內有別的地方吃不到的特色菜；儘量不要在沒有明碼實價的餐館用餐，防止被宰。

3. 向當地人打聽當地好吃不貴的特色餐飲，他們一般都樂於向你介紹當地人氣很旺的排檔餐廳，這些地方食物正宗，價錢合理。而那些名聲在外的飯館一般都不便宜，比如西安的老孫家羊肉泡饃，因為美國總統克林頓去過就身價百倍，其實那裡回民街很多小店的口味毫不遜色。

4. 如果你去的是新開發的或知名度不高的景區，可以向計程車司機打聽餐廳。司機一般都會樂於向你推薦。你可以和他講好車價，並強調如果那裡不能令自己滿意，需要免費載去另一家。

五、購物篇

1. 儘量到量販店購物，因為量販店裡賣的特產一般都要比路邊攤和特產店的便宜。只要是旅遊城市，量販店裡就都會有特產銷售，不要見到路邊攤和特產店就蠢蠢欲動。
2. 不要去旅行團定點購物的地方買東西，儘量去當地人購物的商店買東西。
3. 即使感覺物價便宜，在消費時也不要說「這東西真便宜」，否則你在消費其他東西的時候，會得到更貴的價格。
4. 從富裕地區來的遊客，消費時不要說自己的來源地區。因為旅遊商販往往會按照你來自的地區的富裕程度來開價。

六、門票篇

1. 不少景點都對軍人、學生、殘障人士、提供優惠，有些景點甚至會對當天出生的人提供優惠，因此身份證和其他有效的證件都應隨身攜帶。
2. 有些景點自己看，看不出什麼名堂，特別是古代建築，但請個導遊肯定要付講解費。怎麼辦？蹭聽。旅行團隊肯定有導遊講解，你完全可以做一個旁聽者。如果覺得一直跟著一個團會有些礙眼，不太好意思，你可以聽完這個人的講解，到下一處聽另一個人講。
3. 在遊覽的過程中，要謹慎地對待「園中園」等大門票以外收費的小景點。一般來說，景點的精華都已經包括在大門票內，不需要另外再進小景點。
4. 爭取團隊門票折扣。如果是組織自助遊團隊，要充分利用網友的各種資源，比如借一個旅遊公司的路單，到景點去拿旅遊社團隊的門票價。當然你也可以以團體的名義找景點負責人直接談，有時自己談的折扣比旅行社的路單還管用。

七、景點篇

1. 統籌兼顧，選好景點。出發前透過網路對自己將要遊覽的景區大致瞭解一下，從中選出最具特色的必去之地。
2. 留點時間，去逛逛大街小巷。這樣既不需要花錢買門票，又能領略景區當地的風土人情。

第十三章 房屋裝潢是個花錢工程

裝潢須提前做好規劃

對於無數的受薪階層來說，買房是一生中最大的事情。買完房子，接下來的大事就是裝潢了。如何才能把心愛的房子裝潢得既溫馨舒適、美觀大方，又省錢省心、一勞永逸呢？這可不是一件簡單的事情。裝潢作為一個系統工程，必須要考慮到方方面面的各種細節各個環節。在裝潢前先做好規劃，就顯得尤為重要了。

裝潢房屋時，如果沒有提前規劃或規劃不好的話，很容易使整個裝潢工程陷入被動。比如有些人裝到一半發現嚴重超支，後邊的工程沒錢弄了，只好等有錢了再繼續裝；有些東西在裝上以後，才發現不對或效果不好，只好拆掉重來，不僅浪費金錢，還影響工期。所以說，裝潢的前期規劃是否充分合理，直接影響到整個裝潢工程的質量以及花費。

那麼，如何才能做好裝潢的前期規劃呢？

帶家裝設計師看房子是第一步：讓設計師瞭解房子的構造，在聽取你的個性化意見後，設計師經過專業縝密的實地測量，結合你的具體需求和經濟狀況，為你量身打造一套完整的設計方案。在這當中，你與設計師的充分溝通十分重要。之後就是裝潢效果圖的產生，進行適當調整修改後，便有了一張具體的施工圖。

施工圖一出，很多人覺得一邊施工一邊選購裝潢材料是節省時間和金錢的好辦法。實際上，這樣不但耽誤施工進度，也會浪費一筆不小的開支。因為如果準備不周全，很多材料可能會出現不合適，需要更換的情況。因此，提前準備裝潢材料就是你下一步要做的工作。

一般來說，裝潢公司會派設計師陪客戶一起去挑選裝潢材料，這對那些經驗不足的年輕人來說，是很有幫助的。而且到裝潢公司指定的那些大賣場去買的話，打折打得更多，更實惠。如果有行家或設計師陪同選購，那麼建議你拿好小本子和鋼筆，將所選建材一一記錄下來，以便做購買計劃。當然顧客也可以自行選購，最重要的一點就是必須在施工前，將裝潢的主要材料搞定。

裝潢主材包括：地板、地磚、牆磚、櫥櫃、門及門套等。地板、地磚、牆磚和櫥櫃要提前量好面積，門及門套要量好高度、寬度並確定數量。裝潢主材一定要仔細籌劃，這樣能節省不少錢。臥室鋪地板，客廳鋪地轉，是大多數家庭的選擇，但地板和地磚怎麼鋪也是很有講究的。下面就以一間三房一廳房屋為例，介紹一下地板、地磚的省錢技巧。

地磚省錢技巧：小地磚特殊鋪貼，既好看又省錢

客廳基本上都是用大塊的玻化磚，效果比較好，但也很貴。有些人認為，地磚越大越好，其實不是這樣的。仿古效果、田園效果、歐式效果的小空間，採訪小塊的啞光磚也有非常好的效果，這需要運用一些鋪貼組合技巧。追求溫馨舒適的小空間適合用啞光磚，錯縫鋪帖可以達到特殊的視覺效果；另外還可以把地磚切成更小的，中間走一刀，一塊變兩塊，做出來的效果更佳。

瓷磚這東西，不要刻意地追求氣派或大氣，有意識地分割、丟縫、排布，做出來效果也很漂亮。

地板省錢技巧：非標準板，鋪貼效果更佳

臥室鋪設木地板，要根據自己的資金和喜好來選擇，不同的選擇所花的費用相差不少。普通的家裝地板分為長板和短板，長板為90～95公分長（寬度10公分），也就是通常所稱的「標板」或「款板」，短板的長度為60公分左右（寬度與長板相同）。

由於臥室裡的床、衣櫃等東西覆蓋了很大的空間，暴露的地板面積並不多。假如臥室是16平方的，一般只能剩下8平方的空間，而且是零散分佈的，這樣的剩餘空間根本體現不了款板的大氣，所以沒有必要用款板。如果選擇 60cm 的短板，效果也非常好。

地板是硬裝的一部分，呼應著後期的衣櫃、床單、窗簾等軟裝，只要能夠互相融合就可以了。如果鋪貼質量不出現問題，短板一樣可以營造出好的效果。

另外，考慮到地板要長期使用，同等價位的情況下，應儘量購買大品牌的非標板，而不要買小品牌的超寬板。因為大品牌不僅產品質量可靠，鋪貼工藝先進，其後期的養護服務也更有保障，而小品牌的養護服務則比較差。稍微有點家裝常識的人都知道，木質地板只有經過養護期後，其木材變形率才會小。

由此可見，裝潢前先做好規劃是多麼的重要，它不僅可以使你擁有舒適美觀的小屋，還能幫你節省很多鈔票。進行房屋裝潢，請務必提前做好前期規劃。

將裝潢遺憾擋在家門外

從經濟層面來說，房屋裝潢根據建築面積的不同，少則幾萬多則十幾萬，有時甚至更多。對於大多數人來說，這筆裝潢費用不是個小數目。房屋裝潢是事關一個家庭生活是否舒適健康的大事。一個家庭買房後，基本只裝潢一次，幾年甚至幾十年不會再裝潢第二次，因此裝潢質量直接關係到以後的生活質量。如果裝潢材料選用不當，造成的汙染問題會影響家庭成員的身體健康，而一些裝潢隱蔽工程帶來的安全隱患則關係到一家人的生命安全，不能不讓人高度重視。

裝潢之前，業主先要參與到設計過程中。畢竟，自己的家是給自己住的，如果完全按照設計師的設計思路和方案進行施工，那麼裝出來的家很可能像是別人的家。在以後的起居生活中，如果你發現你的居住環境與你的審美觀念或者生活習慣格格不入，那麼將是一件十分痛苦的事情。

幾乎所有裝潢過來人都有一個體會：房子裝潢好後多少總會有些遺憾。所以在裝潢前，一定要做足準備，將裝潢遺憾擋在家門外。為此，有人總結了「高度重視、做足準備、端正心態、謹慎防範」的裝潢十六字箴言，相信一定會對你有所幫助。

高度重視：「戰略上蔑視敵人，戰術上重視敵人」，這句話同樣適用於裝潢，只有對裝潢有足夠的重視，你才能夠從細節上去認真學習和認識裝潢中可能碰到的種種問題。

做足準備：有了足夠的重視還是不夠的，要從各方面為裝潢做足準備。如果你吃飯走路睡覺的時候腦子裡都是裝潢的大事小情，那麼恭喜你，初步進入狀態了。當然，也別太過了，過猶不及嘛。為了裝潢整夜失眠，那可就得不償失了。

端正心態：裝潢過來人都有一個體會，那就是裝潢過程中你計劃得再完善，想得再周到，仍然會出現問題，仍然會遇到頭疼麻煩的事。這時就要端正心態，不要認為事先該想到的都想到了。裝潢過程中，永遠有你沒想到的地方，因為你面對的不僅僅是一堆材料，更重要的是對這些材料，對你的裝潢效果產生直接影響的人（如建材廠商、裝潢公司、施工師傅、物業公司等）。與人打交道出現各種問題是正常的，因此要端正心態，兵來將擋、水來土淹。抱怨是沒有用的，出現問題解決問題才是對付裝潢麻煩的王道！

謹慎防範：裝潢過程中，可以說時時有陷阱，處處有錯誤。而且，這些陷阱和錯誤從準備階段就開始了。就說裝潢知識的準備吧，在網上聽一家之言，就有可能陷入錯誤，因為適合別人的未必就是適合你自己的；設計階段，裝潢公司的設計師也可能存在著陷阱，免費設計的大餐或許並不可口，甚至還會倒胃口；你要處處小心時時防範，雖然說害人之心不可有，但是防人之心決不可無！

怎樣選擇裝潢公司

一家好的裝潢公司能為你節省很多銀子，而選擇一家好的裝潢公司則要花費你不少心思。那麼究竟什麼樣的裝潢公司才好呢？是名氣大的就一定好嗎？是收費高的就一定好嗎？還是便宜的就一定好？都不是，裝潢公司最主要的還是看價效比，能選擇一家「物有所值」的公司，只能說明你在裝潢理財上沒有輸，能選擇一家「物超所值」的公司，才能說明你在裝潢理財中取得了勝利。

那麼究竟什麼才算是價效比高呢？這要從三個方面來考察。

第一，裝潢公司的專業水平有多高。選擇裝潢公司，首要的目的是讓它幫助你裝潢房子，所以專業水平的高低自然就擺在了第一位。專業水平高的裝潢公司會充分運用他們的專業能力，根據你的經濟能力和風格喜好，使你的房屋裝潢效果達到最高的價效比。有位房主說他曾經花5萬塊錢讓一家裝潢公司裝潢，結果裝潢出來居然有10萬塊錢的效果。於是他弟弟買房的時候也找到了這家裝潢公司，給了他們20萬，以期能達到40萬的效果。結果裝潢完後讓人哭笑不得，因為他們這次裝潢還是10萬塊錢的效果。雖然這只是一則趣聞，不過從側面反應出了裝潢公司的水平。因此，專業水平是選擇裝潢公司的第一考量要素。

第二，裝潢公司的信譽度很重要。有些裝潢公司信譽不好，總喜歡在顧客面前耍小花招，如剋扣裝潢材料、虛報價格等，對於這種裝潢公司要十分小心。一般來說，企業的公信度是個很好的參考依據。如果某家裝潢公司的公信度很高，就會得到業界和顧客的雙重好評，透過這些好評就可以看出這家公司的信譽如何。當然，也會有一些不道德的裝潢公司會散佈虛假資訊，製造虛假好評，這個時候你就要提高警覺性，仔細鑑別。即使一家公司很有專業水準，如果本質上不夠可靠，這家公司也不要選擇。

第三，利用各種管道接觸裝潢公司。比如：透過親朋好友的介紹，瞭解裝潢公司以前的裝潢質量和水平；在網上查閱裝潢公司的相關資料，查閱的時候需要注意透過大的入口網站；親自到大型的家裝展覽會去實地考察，因為那裡一般都會聚集一些大的裝潢公司；翻閱一些正規報紙雜誌的相關專欄，從其中的裝潢公司廣告上獲取相關資訊。當然，這些途徑只是初步的，要想對裝潢公司有一個深入的瞭解，還需要進一步和裝潢公司進行面對面的接觸。

在與裝潢公司初步洽談的過程中，他們一般都會帶你去參觀樣品屋，不過這些樣品屋都是經過商業包裝的，參觀的意義不大。想要瞭解一個裝潢公司的真正水平，與其參觀樣品屋，還不如直接去參觀他們以前的裝潢成果，這樣更加直觀。

一旦達成合作意向後，裝潢公司會派設計師給你先給你出一份裝潢效果圖。你可以把裝潢效果圖拿給內行的人看，並徵詢他們的意見，然後到網上查閱該設計師以往的作品。如果對這個設計師的作品不滿意，你可以要求更換設計師。

在和裝潢公司打交道的過程中，你需要做好充分的準備，不然就會陷入被動中去。手中需要準備的資料大體如下：一份由房地產公司提供的房屋平面圖；自己和家人商量後對各個房屋使用功能的書面計劃書；自己的裝潢預算表，這其中主要包括對主材、燈飾、廚衛用具等物品的價格分析和大致範圍。與裝潢公司簽訂的裝潢合約上一定要附上相關的直觀圖紙，用以表明雙方在細節上的約定。這份圖紙一定要有雙方都認可的統一尺寸和統一標準，以免因為尺寸和標準的不同而造成不必要的麻煩和糾紛。

另外需要提醒的是，即使你選擇的裝潢公司專業素質很高，但也不代表著派給你的施工就一定過關，所以對施工的考察也是必不可少的。屋主的理念一定要灌輸給施工，這樣才能保證在施工工程中不會出現偏差，你的居家理念才能得到充分體現。

家居裝潢省錢有一半都是省在裝潢公司的身上，所以在選擇裝潢公司的過程中，一定要對他們進行仔細甄別篩選，然後選擇最適合自己的價效比最高的公司，用最少的錢將你的房屋裝飾得最溫馨舒適。

房屋各功能區的裝潢省錢要點

購買新房子後，家家戶戶都要對房屋進行適當裝潢。可是對於資金不很雄厚的受薪家庭來說，居室裝潢並非易事。怎樣才能把自己的新家裝飾得既美觀舒適又經濟實惠呢？下面就房屋各功能區的裝潢省錢要點，逐一進行分析介紹。

玄關

玄關對有些家庭來說並不重要，若要省錢，最好的方法就是不做，要麼就用鞋櫃或不同顏色的地板磚。如果既想營造玄關的效果，又不想多花錢，有沒有辦法呢？有，那就是妙用天花板。運用天花板、間接光源及幾盞小吊燈，地面再放塊地毯，阻擋戶外的泥沙，放上一盆花，即可營造出玄關的氣氛。

客廳

客廳是家庭的門面，在裝潢的費用支出中，算是比較高的部分。要省錢，最好的方法就是減少木工活，並運用燈光營造氣氛。燈光是所有裝潢工程中，最便宜也是最有效果的。由於主燈照明較沒有層次，所以採用間接照明，中間做天花板，內藏帶燈及嵌燈，再搭配立燈及桌燈，整個空間就會變得很有氣氛，還可以增加傢俱的質感。地面用大塊地磚，壁面則用畫裝飾，這樣就能充分顯現出客廳的氣勢，雖然花錢不多，效果卻很不錯。

餐廳

餐廳最重要的是餐桌椅、餐櫃及燈飾，再搭配色彩的變化及家飾的運用，很容易節省下錢。具體辦法是：巧用餐桌餐椅搭配家飾，營造簡潔明快的效果。天花板可只拉下一盞吊燈，餐廳主牆只用畫來做裝飾，非常經濟實用。餐桌餐椅可直接向傢俱廠訂做，價格能便宜不少。

臥室

臥室是僅次於客廳的裝潢重點，要用最經濟的手法，來營造出臥室最佳的氛圍。具體辦法是，主牆用燈光營造氣氛。將臥室的主牆與燈光結合，床頭上方一般都有根橫樑，用夾板將橫樑封平並貼上桌布，將燈藏在夾板內，做間接光源，再輔以桌燈的照明，雖然沒有主燈，卻更能營造出柔和的氣氛。花錢不多，效果卻很好。

書房

書房不是經常活動的空間，用現成傢俱來擺設，是最省錢的做法。書房的壁面可以買些現成的書架裝在牆上，這樣既好看又具有收納功能。

浴室

浴室是家庭裝潢中比較花錢的空間之一，磁磚及衛浴裝置儘量以國產品牌為主，這樣可以省下不少錢。另外，將淋浴拉門直接架在浴缸的邊弦上，是實現乾溼分離的好方法之一，施工既簡單又便宜。

廚房

廚房裝潢通常得花上大筆的費用。一般家庭為了讓廚房多些收納空間，會選擇在廚房裡做餐櫃，用來放置各種廚房用家電。一個比較好的省錢辦法是，用層板取代餐櫃。整體廚房雖然美觀時髦，但花費也不小，不如在壁面上釘上可調式的層板，外側按上推拉門，用時拉開，不用時關上，既省空間又省錢。

陽台

陽台要省錢最好的方法，就是不要過多裝潢，直接用綠色植物來佈置。在陽台鋪上防水木地板或地磚，再用些綠色植物來佈置，既省錢又有美感，而且能彰顯主人的品位。

該省的省，該花的花

我們強調裝潢既要美觀舒適，又要經濟實用。但是我們必須注意，省錢不是目的，而是手段。如果為了省錢而去省錢，導致裝潢質量太低或使用不方便，甚至因為使用劣質材料（如甲醛超標）損害家人健康，那還不如不裝潢。

怎樣裝得既好看又省錢，這才是我們要關注的重點。很多人認為省錢就是買便宜的東西，其實不然。比如水電線路省錢了，但走得很不規範或質量太差，帶來了隱患就不能說是省錢，以後發生滲漏、漏水或斷電，反而是增添了麻煩；買個馬桶的橡膠閥，有十幾塊錢的，也有幾十塊的，買個便宜的兩年就被水衝壞了，往往會發生滲水，造成木地板被水泡了等情況，如果在橡膠閥上省錢了，在其他方面卻遭受巨大的損失，這就得不償失了。省錢應該辨證地去理解。我們要樹立一個觀念，即該花的花，該省的省，千萬不要以為買便宜材料就一定省錢。下面就裝潢過程中可能遇到的省與不省的問題，逐一進行分析介紹。

水電管線

對於埋入牆壁內或地板下的電線（包括電線、網路線、電話線、有線電視等）和水管，要選擇達到國家標準的、品質高的產品。因為這些電線和水管一旦出了問題，修理代價會很高。

地磚和牆磚

我們每天都會與地面進行親密接觸，而與牆面則很少有肌膚之親，所以，選購客廳、廚房和廁所的地轉時一定要注重產品的品質（至於尺寸方面可以靈活掌握），尤其要關注看其密度夠不夠，因為低密度的瓷磚，會很快吸收髒水的顏色，久而久之形成黑色斑點，非常難看。至於廚房和廁所的牆磚的品質稍微降低一些通常不會有太大影響。由於廚房、廁所的地面只有一個面，而立面有四個面，適當降低牆磚品質可以節省不少資金。

油漆和壁紙

牆壁用油漆和壁紙都是不錯的選擇，價格上壁紙較油漆貴一點。有些追求新鮮的年輕人喜歡用油漆，因為四五年後想換顏色了就能很方便地塗一層新的顏色。油漆可分為進口漆和國產漆，進口漆刷出來的牆面相對於國產漆說來，更加細膩光滑，手感更好點。壁紙的優點在於溫馨，更換起來卻很麻煩，每個人應根據自己的喜好來選擇。

地板和傢俱

地板和傢俱的花費，在裝潢中是一筆不小的開支。通常人們喜歡在建材或傢俱賣場購買成品的地板和傢俱。雖然我們不主張地板和傢俱非要大方、氣派、豪華，但用材一定要注意，別因為材質太差，導致使用不了多久就損壞變形。尤其要特別注意甲醛含量一定要符合環保規定，別少花了裝潢錢，多花了醫藥費。

此外，廚房和廁所的裝潢是個細活，面積不大，花錢卻不少，裝潢的時候一定要注意人性化，這樣以後使用起來才方便。在裝潢廚房和廁所時，要特別注意哪些地方該省，哪些地方不能省。

廚房關係到一家人的吃飯問題，如何將它設計得更合理科學，是裝潢公司的重要任務。裝潢公司首先要對房間結構進行全面瞭解，再和業主商量廚房各個部分用作什麼功能，經過共同悉心研討，得出最後的施工計劃。需要特別提醒的是，廚房裝潢時要注意電線的佈置，特別是不能和其他房間的混用，因為廚房的用電負荷比較大，要考慮到電鍋、電磁爐、微波爐、電冰箱等各種電器一起開啟時的總功率負荷。

廁所的裝潢，要注意的地方有很多。歸納起來，可以包括以下幾方面。

首先，對於廁所牆面，應做到牆內不省牆外省。即牆內及地下的管線、防水工程一定不能省，因為這些東西損壞了很難修理。花磚、腰線及頂線可根據自己的需要來決定省還是不省，一般這些都是起到裝飾作用的配件，伸縮性很強。

其次，五金掛件可以根據需要，進行選購。梳妝鏡、燈具、用品籃一類的東西，可以選擇相對較便宜的，一是修理更換很方便，二是使用時間長了也有更換必要，還可以很方便地改變衛浴的整體風格。

最後，各種衛浴產品花樣繁多，價格從幾百元到幾千元差異很大。所以，選購時可以考慮經濟、美觀、耐用的衛生潔具，不必一味迎合高價位。

另外，在一些裝潢細節上也牽涉到省與不省的問題。如開關和插座，選擇開關時要買優質品牌，而插座則可選擇普通品牌。因為開關的使用頻率高，並且一般都安裝在顯眼的位置；而插座一般使用頻率很低，加上插座通常安裝在隱蔽的位置，對裝飾性沒有很高的要求。

總而言之，裝潢時應堅持：該花的錢一分都不少花，不該花的錢一分都不多花。

房屋裝潢省錢實戰攻略

前面已經介紹了很多裝潢相關知識和經驗，我們再介紹一下有關裝潢省錢的實戰攻略。

攻略一：利用網路學習裝潢工程

網際網路囊括了海量的家裝知識，不過要學會從這些海量知識中去蕪存菁，去偽存真。在了解了大體的家裝知識後，經常逛逛家裝論壇是個不錯的選擇。遇到不懂的問題，可以隨時向網友請教，與網友線上交流家裝的心得體會。多看看網友的家裝日記，是快速提升家裝專業水平的捷徑之一。

同時，在網上還可以關注一下網友組織的集體採購、裝潢講座等活動，在進行知識準備的同時，也可以同步採購一部分傢俱建材。

攻略二：買新產品比流行慢半拍

雖然買什麼樣的產品是你的權利，可非要和錢過不去就太傻了。有經驗的業主都知道：只買對的不買貴的。例如瓷磚，不要熱衷於購買牌子響亮的、廣告出現頻率高的、所謂最新技術的產品，而應充分考慮到自家裝潢的整體風格是否適合選用這些材料。

市場上一些新推出的產品，不管是衛浴還是瓷磚抑或傢俱，在效能、色彩等要素上肯定有技術不成熟的地方，既然選擇了高檔裝潢就要考慮到產品使用壽命，所以等這些新產品接受實踐驗證以後再去選購才是明智之舉。因此，購買行為要比流行慢半拍。

攻略三：提前和施工方約法三章

據調查，超過四成的網友都認為自己家的裝潢存在浪費，其主要原因是：裝潢工人亂用材料，導致很多好好的油漆、木材、地板等都浪費了。曾有一個裝潢業界的舊聞：以前裝潢公司都是按照用材數量計算人工費的，有個裝潢公司為了多賺人工費，不惜把業主家自購的木板都塞到了吊頂裡面去，幾年後業主掀開弔頂才發現，原來上面藏滿了木板。

因此，有必要跟裝潢公司約定：各項工作量按實際面積計算費用，比如乳膠漆實際刷了多少平方米就算多少的錢，而不是按照用料多少算錢。專業人士認為，只要現場管理方法得當，節約10%的裝潢材料一般不成問題。關鍵在於你能不能盯緊施工方，在材料上精打細算，充分利用切割或剩下的邊角料。施工過程中怎麼節約用材，還要看施工方的技術和手段，一樣面積的地面，瓷磚鋪貼合理與否是幫你節省瓷磚錢的關鍵。

攻略四：把基礎裝潢利用起來

現在房地產公司交付的新房，有不少已經進行了一定的基礎裝潢（如水電、門窗等），對於這些基礎裝潢一定要充分利用。如果你買的是二手房，那基礎裝潢更是不在話下。

基礎裝潢的東西哪些可以利用呢？電線需要全部換掉嗎？水管是否真的有必要重做？這些問題是很多業主尤其是二手房業主迫切想要知道的。可以利用的基礎裝潢到底有哪些？對於這些問題，裝潢公司一般不會告訴你，畢竟省下來的工程量都可能成為他們的利潤。

裝潢公司不說，自己可得弄清楚，多向有經驗的業主請教，能幫你省下不少錢。比如二手房的既有門窗完全重複利用，因為原門、窗都是做好門套、窗樘的，材料可能比新買的要好，就是花式過時了，重新上漆後這些門窗完全可以用，如此一來拆除費用也節省了；原來的舊牆瓷磚也可以利用，貼在櫃子背後等隱蔽角落，這樣既不影響美觀又能省下了一部分瓷磚錢。

攻略五：裝潢實戰操作指南

採購原則：去各種建材批發市場、或DIY的賣場購買一般品牌的優等品或名牌的打折促銷產品。能自己購買的儘量自己購買。

時間安排：重要的裝潢活都約在週末進行，可能的話可以同時進行，這樣便於監工。總體時間一般不超過2個月。

質量保障：由於多數重點工程是專業公司製作，主材自己選購，質量比較放心。留給裝潢公司的活並不多，只要嚴格驗收就可以了。

具體操作如下：

門和門套：買成品套門，廠家包安裝，自購合葉和鎖具。比裝潢公司做的門質量有保障，價格也低20%至30%。

櫥櫃：找專業櫥櫃公司設計安裝，比裝潢公司做的放心，而且專業公司的售後服務比較好。

吊頂：在鋁扣板銷售店面中買材料（扣板），自購輔料，讓賣家負責安裝。

地板：不論實木、複合還是強化地板，賣家都負責安裝。

其餘的工作留給裝潢公司做：水電線路改造、做防水、貼牆磚地磚、安裝衛浴裝置、燈具。自購主材，裝潢公司出人工輔料，這樣最划算，也最省錢省心。

你的剩餘材料也是別人需要的

孔夫子說過「己所不欲，勿施於人」，這句話是說自己不喜歡的事物不要強加在別人身上，是一句很有哲理的做人道理。那麼假如你的裝潢材料買多了該怎麼辦呢？這時候你就要學會「己所不用，善施於人」，把自己多餘的裝潢材料放到網上賣，既滿足網友的需求，也讓自己避免了浪費。

張先生買了新房之後，他和妻子自行選購材料進行裝潢。在裝潢公司估算材料用量的時候，他的妻子朱小姐總怕買多了浪費，於是只比實際面子多買了1平方米，結果裝潢進行到最後，不僅天天跑好幾趟地板市場，而且還因為同一種顏色的地板取消促銷價格又加錢補貨。所以說自作聰明地認為少買點材料，就會杜絕浪費材料的情形發生是錯誤的。

如果想讓自己完全避免浪費是不可能的，裝潢材料的購買本身就是一種估算，包工頭給你估算的價格只是一個大體的數字，一般情況下都會多餘出不少，也有極個別的情況會不夠用。所以想依靠包工頭的估算來做到精確購買，那是不可能的，再精準的估算，也會有誤差的時候。所以，既然無法做到不浪費，那就想辦法把浪費的程度降到最低。時下最快捷的方便的傳播方式就是網路了，你可以嘗試著把你剩餘的材料和網友們分享一下，沒準有人正需要呢？

某家居論壇上經常看到這樣的帖子：《我家石膏板剩餘4塊，低價轉讓，隨時可發貨》、《新房裝潢完多出1卷電線，誰要？線上等》、《我家橫格藍色瓷磚少一個坪，求貨》……。既然有人賣就說明有人需要，而已剩餘的那點材料也不值得去花錢做廣告，已經用過一半的材料，如半桶乳膠漆等，也無法退還商家。所以，網路上剩餘裝潢材料的頻繁交易也就應運而生了。

殷先生在裝潢完新房子以後，剩下6塊木地板，5米電線，但是他家還缺一些刷牆的油漆和刷門的木漆。殷先生本來已經裝潢完畢了，可是他在搬運掛飾和油畫到房子裡的時候，不小心蹭掉了牆上一些漆，在搬運電視櫃的過程中，不小心刮壞了門。於是殷先生就按著朋友介紹的方法，去一個家居論壇發表了一買一賣兩份帖子，不到一個星期，就有十多個網友同殷先生聯繫，殷先生挑選了兩個網友進行了交易，材料在一週內都到位了。

看著自家光潔如新的門面和牆面，殷先生慶幸到當時沒讓收破爛的人把多餘的材料收走。網路上互相交換剩餘資源的方法，幫很多業主解決了裝潢煩惱。

如果你家裝潢完畢以後也剩餘了一些材料，那麼你先不要急著將材料馬上賣出去，因為你有可能在搬運傢俱的過程中對房屋的牆體或其它部分造成破壞，所以等你的所有物品都安置妥當了再把材料放在網上也不遲。

第十四章 家電汽車之省錢大全

精明消費，省錢家電這樣買

隨著經濟發展，居民收入水平也越來越高，加上政府各種鼓勵購買家電的措施紛紛實施，許多家庭都準備推行新一輪家電升級計劃。可當我們走到賣場時，往往茫然不知所措。那麼，如何購買家電才最精明呢？

精明消費第一招：提前計劃，及時出手

買電器除非非常急，或者你的錢多得花不完，否則購買之前應該做個計劃，以便在百貨公司進行促銷時及時出手。通常來說，選擇元旦、春節、周年慶期間購買家電是第一選擇，第二選擇是新店開業、老店重開、連鎖店的周年慶等。為什麼這樣說呢？因為元旦、春節，是廠家、賣場都必須力爭市場的時候，廠家之間在血拼，賣場之間也在血拼，這兩邊在拼殺，買家不就笑哈哈了嗎？第二種情況是賣家自己的事，率先降價的賣家要準備好促銷資源以提升市場，而其他的賣家則要拼命阻止對手成功，往往也殺得頭破血流，但廠家這時候往往是被動牽扯進來的，因此場面比不上第一種的火爆，買家的實惠也會少一些。

當然，家電市場「沒有最低，只有更低」。所謂在以上時點買到最優惠的家電，也是有「保鮮期」的，往往是到下一個時點為止。如果你12月才要用的東西，五月就跑去買，到時候發現又

降價了，那可就是你自己的事了，怨不得別人。

精明消費第二招：以舊換新，買大贈小

很多百貨公司經常會推出買大贈小的促銷活動，即購買大家電獲贈小家電。當你在某家百貨公司購買家電達到一定金額後，可以獲得免費贈送的吸塵器、小型洗衣機。不過，購買金額較大的大件電器，要預先計劃好，不能單純為了贈品，而增加不必要的開支。

精明消費第三招：節能減排，吃透政策

為了提倡節能環保，鼓勵節約能源，政府對一些高效能家電（如空調）進行補貼。所謂高效能家電，就是家電產品達到國家一級、二級高效能規格後，就能享受家電售價上的補貼。

識別空調是否符合補貼規定非常簡單——如今市場上所有空調都要求貼有效能標識。透過效能標識，我們還可以直觀地瞭解空調的耗電量和功率。即便想買的空調不在補貼之列，我們也推薦你優先選擇能效高於４級的空調產品，以便在使用時節省大量的電費。

精明消費第四招：參加團購，集體殺價

無論是網上討論家電的臉書，還是各地的報紙雜誌，都經常會和家電賣場合作組織團購，以極低的價格批量銷售家電產品。這類團購帶有明顯的季節性，夏季大都是針對空調和冰箱，而冬天則以暖器、熱水器為主。

參加這類團購只需要打電話報名即可，無需任何保證金、押金之類的手續。如果對方需要你提供金錢上的擔保，那我們建議你還是敬而遠之——這很可能是打著團購旗號的騙局。

精明消費第五招：網上購買，限時搶購

空調、洗衣機、冰箱那麼大的物件也能網購嗎？當然可以！如今網站都提供家電銷售服務。以商店街為例，在商城網站上我們可以找到空調、電視、熱水器、洗衣機等眾多家電。

有人可能會問，網上購買的家電由誰來負責安裝偵錯呢？事實上在空調等需要安裝的家電中，網路商城大多制定了銷售區域，超出該區域的使用者將無法購買此類產品。而區域內的使用者依然可以享受和普通賣場一樣的安裝和保修服務。必須指出的是，網路商城的報價一般不包含運費，由於家電體積和質量都比較大，買家需要承擔較高的運費。因此，在決定網購或賣場購買前，應該同時考慮運費的因素。

另外，為了刺激人氣，吸引消費者眼球，許多家電網站還推出了「限時搶購」，「一元起拍」等專欄，只要盯得緊，絕對能以「白菜價」買回高檔電器。不過，要想搶到「一元家電」，除了要眼快手快外，電腦配置和網路速度也很關鍵。

需要提醒的是，網上的東西雖然便宜，但下單前一定要問清配件清單。如果貨到時才發現一些配件單獨被商家計算價格，那最後的成交價就不划算了。建議你多看看網站上的顧客評論和賣家信用，如果差評較多，再便宜也不要買。

長假買家電實戰攻略

每當年終尾牙來臨時，各大賣場就紛紛拉開架勢，開始血拼。受薪階層的我們，如何能從這漫漫紅海之中，殺出一條最省錢的路來呢。請看本節介紹的家電實戰攻略。

攻略一：提前制訂預算

如果你剛剛裝潢完房子，準備在年終尾牙之際去購買家電，那麼恭喜你，這個時間你選對了。倘若你手頭不太寬裕，你就非常有必要在購買之前，制訂一個嚴格的購買計劃，將所需要購買的家電全部列出來，併為每樣電器安排相應的費用。無論怎麼調整，預算總額一定不能突破。

在茫茫百貨公司大海之中，你永遠不知道潛伏著多少個能說會道的「銷售巨人」。如果你沒有預算來約束，很容易被那些銷售人員說暈，所以堅決要杜絕到了百貨公司以後再做決定的做法。因為置身現場，你很難控制自己的衝動。

攻略二：確定品牌和機型

很多人覺得，在品牌和機型上做決定是件很痛苦的事情。那麼，我們告訴你一個四步法則，如果你能照著做下來，保準你輕鬆愉快地找到最適合自己的品牌和機型。

第一步：網路調查。先在網路上查找資料，看看各大論壇上各位網友們對各個家電品牌的評價。在網上查詢的時候，要注意多看看新聞資訊、知識問答一類的，並仔細檢視一下哪個品牌「售後的紛爭」最少。

第二步：諮詢好友。多問問身邊的同事朋友他們家的家電使用情況，同事朋友所說的情況一般都很真實，資訊來源非常可靠。詢問的內容主要包括：價格、耗電、使用效果及主觀評價等。

第三步：百貨公司諮詢。網上也查了，朋友也問了，然後把你的週末貢獻出來，親自到百貨公司裡踩點，刺探敵情。一般賣家告訴你的知識都很專業，而且會不斷地告訴你這些產品的好處。切記不要當時就板上釘釘買了。看到自己中意的，記下品牌型號，回家上網再查查，再問問身邊的好友。

第四步：搞清需求。抽點時間問問自己和家人到底想要什麼？結合自身情況進行具體分析：家裡有幾口人？都有什麼生活習慣？喜歡什麼牌子？使用空間有多大？搞清楚需求，才能做到按需購買。

攻略三：堅持貨比三家

購買家電一定要貨比三家，在各大百貨公司之間進行周旋。跟銷售員砍價的時候，要注意別胡亂忽悠。俗話說買的沒有賣的精，對現在市場上是個什麼行情，銷售員心裡還是基本有數的，小差異可能會有，但大數基本跑不了。

另外，不管從那家賣場開始談，同等價位的情況下，你一定要到市場地位最牛的那家賣場去購買，這樣送貨和安裝比較有保障。

攻略四：逐級砍價殺價

各個家電賣場是由品牌的廠家跟賣場的員工組合而成的，一般接待顧客的是銷售員，他們是屬於生產廠家的員工，給出的價格是廠家制定的價格。但是最終商品賣出的利潤是由廠家跟家電賣場分的，也就是說家電賣場也有權利在價格上做出讓步，但這個讓步一般的銷售員是給不了的。

如果不想跟廠家的銷售員浪費口水，就直接找賣場員工談；如果對賣場員工給的價格還不滿意，就再找他們經理或組長談。這時的價格基本上是最低價了，賣場通常不會再有多少埋伏，否則豈不是將生意拒之門外？因此，再稍微往前進一小步，如要點贈品或電子優惠券之類的東西，也就差不多了。

攻略五：把握出手時機

周年慶促銷對廠家商家來說，都是事關全局的大戰役，保密工作非常重要，沒有誰早早的就把自己的底線暴露出來。因此廠家的促銷政策往往都是活動前一天傍晚，甚至夜裡才通知賣場。可能有人要問，既然廠家促銷政策下達了，第一天的上午去買怎麼會有錯呢？要知道，第一天的價格絕不是最低的價位！血拼才剛剛開始呢。低價之後還有低價，最低價位通常會在第二天或者第三天出現，這才是出手的最佳時機。

需要注意的是，別等得太久，要果斷出手，因為到第四天可能就有風險了。往往廠家促銷力度大的型號，都會迅速形成熱銷的場面，實力差的賣場，貨備的不多，經常出現第三天或第四天斷貨的情況。有的賣場在這種情況下會繼續「負責」，也就是說先賣，再想辦法從廠家進貨。不過，這就要看廠商關係以及廠家自身的貨源情況了，有時候你買的貨一個月都到不了家。

最後，再告誡各位朋友春假前買家電一定要銘記的16字箴言：

貨比三家，仔細思量，機不可失，及時出手！

不要緊盯新產品，適當看看展示機

很多人在購買家電產品的時候，往往會被所謂的新款所吸引，搶眼的外形，新穎的功能，時尚的噱頭，這一切構成了新產品強大的吸引力。如果你剛剛貸款買了房子，那麼建議你不要緊盯新產品，適當地購買一些展示機，會讓你既達到省錢的效果又享受實際的作用。

如今人們在購物和理財上許多觀念都變得與以前大不相同，特別是消費觀念上的轉變，不再認同以前「便宜沒好貨」的觀點，「喜舊厭新」、「便宜照樣有好貨」的觀念已經逐漸被人們所接受。目前許多百貨公司和專賣店經常給展示機掛上低價拋售的牌子，精明的消費者就會審時度勢地買下他們認為價效比高的展示機家電。由於展示機的價格較低，如果能給你的新家淘到空調、彩電、洗衣機、電冰箱等展示機，自然會為你省下不小的一筆開銷。如今購買展示機已經成為一種新興的消費觀念，隨著買展示機的人越來越多，這也不再是一件見不得人的事情，而成為一種理財新主張。

展示機並不代表著「快壞了」，或者是「二手」等概念。據專家介紹，一台液晶電視的平均壽命是50000個小時，即使每天連續開12個小時，一年下來也不過是4380個小時。而大部分展示機不但每天開不到12個小時，並且3個月左右就會下架當作打折產品處理掉。所以說，展示機在當作樣品期間的損耗和機器本身的使用壽命相比是微不足道的。

就價格上分析，一般情況下展示機是新機的5～8折，原價越是較高的產品在降幅上就越是驚人。比如某些大尺寸的液晶電視、4K電視，高階的洗衣機、電冰箱，配置強大的桌上型電腦和筆記型電腦，在一些大型的賣場和百貨公司中常常會降至原價的一半，往往剛降價一兩天，就會被顧客買走。

展示機在演示的過程中，一般都由相關工作人員細心操作，本來就得到了妥善的保管和使用，再加上某些洗衣機、電冰箱類的家電在作為樣機的過程中本身就極少運轉，就算偶爾演示，也不會隨意讓人碰觸，都是工作人員在打理。面對這些質量上與新機幾乎無異，但是價格上卻遠遠低於新機的機器，你還會無動於衷嗎？

如果你有了購買展示機的打算，那麼我們再告訴你幾個購買展示機的小竅門。

第一，9月份是購買展示機的最佳時節，因為每到9月份，家電商就會按照規定對展示機進行大規模的撤換，而下一批展示機也同樣會在2～3個月之後撤換，因為這樣才能讓百貨公司時刻保持一個全新的形象。如果你打算在9月份去淘展示機，那麼你千萬不要隨便去一家賣場就急著購買，這個時段是展示機出售的「旺季」，所以你有很多機會挑選。貨比三家，你才會買到一套最適合自己的展示機。

第二，問好展示機是否享受同新品一樣的售後服務。目前大部分商家還是比較自覺的，展示機雖然損耗了一段時間，但是商家也透過降價來彌補了這個損失，在「兩不相欠」的情況下，展示機同樣享受新機所享有的一切售後服務。只是有些無良狡詐的商人會藉口展示機已經損耗很久，所以故意縮減展示機的保修期、保換期、保退期。你在購買展示機的同時一定要問好，售後服務是否等同於新貨。如果你購買之前不問好，等將來出問題了商家再「賴帳」，然後藉口是展示機，所以不實行「三包」，或者「三包」期限已過，那就得不償失了。

看了以上優點和注意事項，希望你能對展示機感興趣。因為剛剛買了房子的你荷包一定不是很鼓，所以，趁著自己的興趣，嘗試著購買一些展示機回家，讓省錢變得很簡單。

汽車生活「鐵公雞」的養車訣竅

「買車容易養車難。」這讓很多私家車車主感到無奈。很多車主都說，除了油價高，保養費、停車費、交通罰單等一些養車費用，也讓他們感到很頭疼。車主們大都很愛惜自己的車，一般不願意委屈自己的愛車，但每到掏出錢包時都會為支出的銀子太多而心疼不已。那麼，怎樣才能讓車主既不委屈愛車，又能少花錢呢？接下來，我們就為你介紹汽車生活「鐵公雞」的養車訣竅。

一、保養汽車按手冊執行

汽車保養一方面要靠原廠和一般保養廠，另一方面還要靠自己多學習積累，畢竟汽車出大毛病的機率不大，平時的保養維護非常重要。平時多泡泡網上的汽車論壇，很有好處。

在保養週期上，很多新手剛買了車往往十分愛惜，恨不得天天去保養。其實車輛保養並不是越勤就越好，只要按照保養手冊的規定，5000公里左右換一次機油就可以了。有些車主才跑了3000公里就要跑到原廠店換機油、三濾，其實完全沒有必要這樣做，過早地保養更換完全是浪費金錢。

保固期內的汽車到原廠保養時，一定注意看清楚保養的項目，無關緊要的統統去掉。要知道原廠恰恰就是靠那些無關痛癢的保養項目賺錢的。過了保固期的汽車就沒必要去原廠挨宰了，可以向身邊的朋友同事打聽技術和價位都不錯的汽修廠。另外，有些事情自己就可以搞定，比如換機油。現在大部分汽車原廠配件價格都比較透明，網路上都有報價，有需要的時候可以透過網路查詢購買，這些差價節省下來都是實實在在的銀子。

二、保養換件要捨得用好東西

在車輛的保養標準上不要怕價格高，因為保養是一個長期的行為，所以不要以某個備件單價或短期養護費用作為主要參考。要按照預計車輛使用的壽命，將車輛的保養估算置於3到5年來考量，長期的費用均值最低才是最合理的車輛保養方式。

一些易損耗件和常換件，還有機油、剎車油、潤滑油、防滑液，絕對不要省錢，要買就買品質好的。看似多花了錢，其實是為以後省下了大錢。另外，汽車用油不要只圖便宜，因為燃油質量直接關係到發動機的工作狀態和使用壽命。千萬不要因為節省小錢而讓汽車產生大毛病，得不償失。

三、充分利用免費檢測服務

各大汽車廠家每年都會舉辦各種名目的免費檢測活動。在免費檢測活動中，有些維修人員會藉機誘使車主進行一些沒有必要的維護修理，從而達到盈利的目的。不過只要你多留個心眼，例如到不同的維修站進行諮詢，或找內行的朋友問一下，就不會花冤枉錢。

在免費檢測期間，如果能抽出時間，最好還是去檢測一下，這樣便於你更加瞭解車況，將一些隱患及時排除。

四、促銷時去做汽車保養

現在車市競爭激烈，很多經銷商為帶動銷量經常會聯合一些母公司做一些促銷活動，不僅新車有，老客戶維修保養也有。什麼免工時費啊、維修保養消費累計集點啊，五花八門，什麼都有。選這個時候去做維修保養，非常划算。集點累計多了還可以換些汽車裝飾、小禮物，甚至可以抵一部分維修款。這樣省下的碎銀子一年累積下來也不少。

五、隨時關閉引擎，節省汽油

車子在路上行駛，如果遇到堵車或是等人的情況，記得要關掉引擎。因為如果車子啟動後在原地停留超過1分鐘，不但會損耗引擎，也會浪費掉汽油，要知道發動機空轉3分鐘的油耗足夠讓汽車多行駛1公里，即使只等1分鐘，重新啟動也比發動機空轉要省油。

另外，在正常情況下不要低擋或低速行車（新手除外），也不要急加速或急剎車。最省油的開車方式是勻速行駛。在不考慮風速的情況下，最省油的時速是70至90公里之間。車速低時，發動機活塞的運動速度低，燃燒不完全；而車速高時，進氣的速度增加導致空氣阻力增加，這些都會使汽油消耗增加。

六、笑臉送給交警

「常在河邊走，哪有不溼鞋。」汽車天天在路上跑，違章挨罰也是常有的事。如果你善於與交警周旋的話，很多時候可以大事化小，小事化了。面對一臉嚴肅的交警，你需要做的就是：一要陪上笑臉，二要合理解釋，三要誠懇道歉。

一旦因違法被交警攔下要，要立即配合下車，主動和交警溝通。這個時候警察一般都會要求你出示駕照，接受處罰。你拿駕照的動作可以稍微慢一點，並轉移交警的注意力，比如感嘆警察辛苦，表示對其欽佩等，以爭取對方的好感。經過陪笑臉這一環節，警察的態度一般都會軟化下來。接下來你就應該對自己的違法行為找個合理的理由，比如「上班遲到會被重罰」、「趕著送朋友去飛機場」等等。對自己的違法行為解釋之後，你一定要作出沉痛狀，對自己的行為進行自我批評和深刻檢討，比如「我知道這樣很危險，危害了道路交通安全，如果出事後果不堪設想」，然後再向警察誠懇道歉，保證「堅決改正錯誤，下次絕不再犯」。如此一來，再鐵面的警察，也會被你打動的。

七、百貨公司量販店可免費停車

養車的人都知道，停車費是一筆不小的開支，甚至比買保險的花費還高。尤其是當開車去市中心或鬧市區時，面對每小時高達幾十元的停車費，實在令人太痛苦了。

不過，有個辦法可以讓你省去臨時停車的高昂停車費，那就是把車儘量停在百貨公司、量販店的免費停車位，即使多走幾步路也是非常值得的。取車前，順便去買一些家中常用到的日常生活用品，這樣就能享受到免費停車的待遇了。

汽車生活「鐵公雞」的修車妙招

對很多新手而言，養車除了正常的汽油費、停車費、保險費外，維修費用也是一塊大頭。無論你多麼小心翼翼，都難免會發生磕磕碰碰，再加上操作不當，常常也會導致零件受損或報廢。既然維修費用無法避免，那我們就來找尋一些節省維修費的好辦法。

一、保修期內最好去原廠保養廠

在車輛保修期內，最好要去原廠維修。如果保修期內不在廠家指定的地點保養維修，車輛一旦出現問題，不在廠家賠付範圍內，那就損失可就大了。

很多車主都以為，同一品牌原廠的維修站和特約服務站的零部件價格和工時費應該都是一樣的，其實不然。通常來說，越是常用配件，各家店的價格越一致，因為廠家規定的常用配件在同一品牌不同原廠的價格都一樣，但是一些冷配件（即不常用配件），因為更換頻率不高，各家店間價格還是有差別的，有些時候還會相差很多。這其中的原因是，不同維修站的進貨單和時間等不同，就造成冷配件價格不一樣，所以在更換時，不妨多打幾個電話，比較一下再更換，能節省不少錢。

如果過了保修期，就沒有必要經常去光顧原廠了，因為原廠的維修費用通常要比外面的汽修廠高出很多。

二、更換零件時多留心

在更換配件時，需要小心謹慎。因為很多維修站為了追求利潤，會建議車主更換一些無需更換的零件，從而增加車主的經濟負擔。對於那些可以修復的零零件應儘量修復，不能修復時再更換，比如前後保險槓、車門、等，如果碰撞彎曲變形不嚴重，修復的成本要遠遠低於換零件的成本。如果自己沒有把握，先別急著做決定，可以到別的維修站或找懂行的朋友諮詢一下。只有在必須更換的情況下才換件，不要對維修站的所有建議都言聽計從，尤其是那些不太熟悉或口碑不好的維修站。

三、小配件、機油、輪胎自己買

平時有空的時候多瞭解汽車零配件的價格，各個汽車維修站的價格差別很大，就像一些汽車用品，找到批發商和汽車用品市場，肯定要比維修站便宜很多。輪胎就更是如此了，自己到汽車配件批發市場購買輪胎，更換輪胎不是什麼難事，完全可以自己搞定。另外，有空的時候可以經常上網查查零配件的價格，有些直銷產品的網站，價格非常便宜，就算不在網上購買，也可以讓你對各種配件的價格多一些瞭解。

四、自己動手解決小故障

不要迷信修車這種事情有多深奧，這雖然是個技術活，但是普通人一樣可以接觸。只要你掌握一些相關的知識，許多小問題都可以自己解決，既省錢又可以學到技術。

汽車加油也要有訣竅

有車一族碰在一起聊到的最多的話題莫過於油耗了。油耗就像一個沙漏一樣，直接連線在你錢包的另一端，一邊開車，一邊幫你的錢包「放水」。大多數辛辛苦苦攢錢買車的上班族卻是「敢買不敢開」，開車的時候一邊提心吊膽地握著方向盤，一邊估算著今天的油錢。昂貴的油價已經成為理財中一個很難面對的問題，除了購買小排量的汽車之外，難道就沒有別的辦法省油了嗎？下面我們就一起來看一下加油的小竅門，讓你的汽車既省油又不「傷身」。

首先，要注意加油的時間。大多數司機都會說，油燈亮起來的時候就是加油的時間啊。其實不然。如果等到油燈亮了再加油，那時候就已經晚了。因為只要汽車發動，油泵就開始了工作，長時間工作的油泵很容易過熱，油泵浸在油中的時候可以有效地達到降溫的效果。所以，如果油泵中的存油經常處於過少的狀態，那麼很容易引起油泵的燒燬，而不僅僅是減短油泵使用壽命的問題。對於那些行駛在3萬公里以上的車就更加需要注意了，如果油箱中存油過少，不但容易引起油泵過熱，還有可能導致油泵將油箱底部的沉澱物抽起，造成阻塞油泵或者堵塞油箱的情況，嚴重的可能會發生機械故障，釀成交通事故。

其次，要注意加油的數量。一般來說，車輛基本都行駛於市內，無需一次加滿油。第一，裝滿滿一箱油的汽車會增加許多無謂的自重，徒增油耗。第二，加油過多可能會導致油浮現象或感測器失靈現象，最終連帶著油表也會失真。所以，每次加油不要超過30L足夠你在市內行駛的了。

再次，選擇加油站也是有講究的。不能隨隨便便找一個加油站就進去加油，選擇加油站有一個巧辦法，那就是搭車的時候，多跟計程車司機聊聊天，他們通常都知道在哪家加油站加油最划算。

這樣購買汽車保險

說起汽車保險，相信大部分車主都對保險公司又愛又恨。不買吧不放心，因為車在路上跑，誰也不敢打包票自己不出交通事故；買了吧，真的有意外的時候，找保險公司理賠又是個麻煩事。不過沒辦法，麻煩點總比沒有好，買保險就是買個放心。

現在車險競爭十分激烈，各個保險公司都有不小的砍價空間，這對車主十分有利。不過，買車險也別只顧著省錢，既要看價格也要看服務和口碑，花了錢就是為了省事，解決不了麻煩再便宜也白搭。車險的服務主要體現在理賠的速度和定賠的規則上，所以在買車險時候一定要把定賠的規則吃透。

通常來說，車主在購買新車的時候，都會選擇讓原廠幫著把保險和車牌一起辦了。一年後重新續保的時候，大多數車主都會自行投保。那麼，怎樣才能買到最划算、最合適的車險呢？

一、選擇保險公司

目車主應根據自己的實際情況（如所在的地區和對理賠速度的要求），選擇合適的保險公司。

二、確定購買通路

購買保險的通路主要包括：保險公司、原廠、代理機構、保險仲介等傳統通路以及新興通路——電話車險。同樣的保險項目，這幾種通路給出的價格往往相差很大，最高報價與最低報價之間差距可達上千元。

三、要善於討價還價

當你的車險快到期的時候，會有很多保險業務員給你打電話，介紹自己所在公司的車險服務。你可能會覺得這些保險業務員太煩人了，其實大可不必這樣認為，你完全可以抓住這個機會跟他們進行「談判」，爭取最大的利益。有位成都的網友介紹自己的投保經歷時說，「我經過一個月艱苦卓絕、軟磨硬泡的談判，取得了不小的成績：一家在成都擁有眾多快修洗車連鎖店的汽車公司答應送我一年免費洗車，外加近千元的汽車美容代金券等。」反正保險始終是要買的，利用買保險的機會，省下了一年的洗車、汽車美容的費用，的確是高手。

四、團購保險更省錢

買車可以團購，買保險當然更可以團購。據瞭解，儘管現在保險公司的保費價格比較透明，但是保險代理商都會有一定代理費作為利潤。多位車主一起購買，代理商大多會給車主返還一部分代理費。一些汽車服務公司或維修站的保險代理也都打出了「團購」的招牌。不過需要提醒車主的是，續保時團購不能一味貪圖便宜。選擇保險代理、代辦仲介時，要認清對方的實力和資質。在保單內容上要更加細心，仔細對比，不要因為貪一時便宜而給日後理賠留下隱患。

五、理賠越少續保越優惠

有的車主覺得買了保險，出了事故保險公司就應該包賠，所以，對一些刮刮蹭蹭的小事故也不放過。實際上，每輛車的續保費用，與該車的理賠記錄是息息相關的。理賠記錄越高，意味著續保時能享受的保費優惠就越少。車主如果在上一個投保期內沒有理賠記錄或者理賠次數少、金額低，就能在續保時享受很多優惠政策。因此，如果你的汽車沒有理賠記錄，最好繼續在同一家公司上保險，這樣可以得到更多的費率優惠。不過，即使你在續保時轉到別家保險公司，只要原先保單上並無出險理賠記錄，新公司同樣可以給予一定的優惠。

車輛在使用中如果發生點小摩擦，修補花費很少，倒不如自己買單，不要向保險公司報案，以保持該年度保單的「含金量」，以便續保時獲得保險公司的費率優惠。

六、不是新車也要足額購險

當車主向保險公司續保時，保險公司一般會提供兩種續保保額，一種是按照新車的購置價格續保，另一種是扣除汽車的折舊後，按照汽車現有價值續保。

雖然按照後一種方法投保，車主可以省下一定的保險費，但我們建議你還是以新車購置價為保額投保。因為汽車發生事故需要維修時，維修站通常都是提供全新的零件，如果你想要得到足額理賠，就必須按照新車購置價作為保額續保，才能享受到更換零零件所需的全部理賠額。反之，如果以汽車實際價值為保額續保車險，當汽車出險受損時，保險公司只能按實際價值與新車價格之比，給予相應比例賠償，不足的部分要由你自行承擔。

投保專家指出，車主在購買車險時，一定要根據自己的實際情況選擇搭配，新車手最好還是買全險，老車手要看自己汽車的用途，是不是經常跨省跑長途？汽車一般放在哪裡？停車周圍的環境等都需要權衡考慮。不要被保險業務員忽悠暈了，沒了自己的主見。

第十五章 吃喝玩樂的省錢竅門

家庭主婦省錢竅門大比拼

一個精明的家庭主婦一年所省下的錢相當於其丈夫全年月獎和年終獎的總和。你想每個月都拿雙份獎金，年終拿雙份年獎金嗎？那麼把你的妻子培養成一個精明的家庭主婦吧。如果你是家庭主婦或者未來的家庭主婦，那麼在家一樣可以替你的丈夫「賺錢」。我們來看看家庭主婦們到底都有哪些省錢訣竅。

一、醫療衛生篇

1. 平時去藥店買一些醫用脫脂棉，自己剪成小球，然後浸泡在酒精裡，出門的時候將這些脫脂棉裝在一個小瓶子裡，吃飯的時候拿出一個來擦擦手，省錢且方便。

2. 家中常備一些75度的醫用酒精，然後裝在空的噴霧瓶裡，不管是電腦的螢幕髒了還是家裡的門把手、砧板、電燈開關髒了都可以用酒精噴一下，鞋子和衣服也可以用酒精防毒。因為酒精揮發性強，所以不用擔心潮溼的問題。

3. 藥店的醫用紗布買回一些來，然後自己裁剪成小塊，當作毛巾用，既乾淨又省錢，因為毛巾容易滋生細菌，而醫用紗布則乾淨許多。

4. 家裡常備的84消毒液每週稀釋以後泡上一大盆，先把牙刷拿進去泡，再把筷子和刷碗用的海綿拿進去泡，最後再把這一盆稀釋的消毒水倒在拖把上，這樣一盆消毒液的水基本上就可以把家裡所有能用消毒液泡的東西都清洗乾淨。

5. 女士過期的化妝品也不要隨手扔掉，因為這些東西可以拿來擦皮鞋、擦皮包等很多皮具，清潔效果非常明顯。比如皮鞋很髒了，就先擦洗面奶，再擦潤膚乳，這樣皮鞋就會光潔如新。

6. 夏天比較薄的衣服和比較貴的衣服用洗衣精進行清洗，而且其他衣服也要逐漸習慣使用洗衣精，因為雖然同樣比重的洗衣精比洗衣粉貴三倍，但是用量卻是洗衣粉的五分之一，所以這麼算下來還是洗衣精合算，而且洗衣精不傷手。另外，洗衣精還有一個作用，就是拿來洗車，中性的洗衣精洗車是不傷漆的。

二、飲食營養篇

1. 最實惠而且最富含鈣的食品是蝦皮，蝦米中的鈣含量和可吸收的程度都在一般電視廣告上推銷的鈣片的3倍左右。一小勺蝦米中鈣質的含量等同於4杯牛奶，而且海蝦皮中還富含各種海洋礦物元素。一般來說，一斤蝦米只要幾塊錢，但是卻夠全家的鈣質需求了。蝦皮還有一個好處就是攝入方便，做菜的時候在鍋里加一把就足矣了，沒有任何技術含量，也不用像吃藥一樣按時定量。

2. 補鐵最佳的途徑其實不是吃營養品，而是用鐵鍋炒菜做飯。普通的鐵鍋具有良好的補血功能，特別是女性，堅持食用鐵鍋烹飪的食物，能主治貧血。這樣你就不用再花錢去買什麼補鐵的藥品和保健品。

3. 蛋白質的攝入量也用不著靠那些藥品和營養品來維繫，雞蛋清就是最好的蛋白質補充物，省下買營養品的錢不如多吃點雞蛋和肉。正常人根本無需透過特殊途徑來增加蛋白質的攝入量，雞蛋和肉類中提供的蛋白質就足夠了。

4. 很多人花錢去買魚油，其實帶魚身上那些白色的粘液就是卵磷脂，是極好的補腦品，在烹飪的時候不要把那些白色黏液洗掉，一起吃到肚子裡，保準沒壞處。每週吃兩次帶魚比買那些不知道哪裡來的魚油要好得多。

5. 排毒養顏的藥物也沒必要花錢買，南瓜就是最好的體內清潔劑，而且南瓜中含有胡蘿蔔素，對眼睛非常有益處。將南瓜切成小丁放在米飯中煮，既好吃又營養。吃完南瓜不要輕易把南瓜子扔掉，因為南瓜子對男性的前列腺有很大的好處，而且可以驅蟲，又省去一筆醫藥費。

6. 許多人寧可花錢去買防癌的藥物也不吃花椰菜，因為花椰菜的外表和癌變部位比較相像，而花椰菜恰恰是防癌的最佳食品，所以多吃花椰菜等於是在給自己買防癌保險。預防癌症的食物包含很多十字花類食品和黑色蔬菜，如茄子、黑木耳、黑芝麻、海帶等，但前提是，一定要連皮一起吃。

7. 與其花錢購買很多護膚品，還不如多吃膠原蛋白含量高的豬皮、豬蹄等家常菜。此外，多喝水也是面板保溼補水的好方法，比任何面膜都管用。

三、家庭器物篇

1. 你家裡的不沾鍋總是壞得很快嗎？你是不是炒完菜馬上就洗鍋呢？要知道，熱鍋遇到冷水的時候，容易發生激化反應，讓不沾塗層變得很脆。所以熱鍋不要馬上用冷水進行清洗，而要等它冷卻後再洗，這樣一個不沾鍋可以用5年以上。

2. 電熱水壺要買不鏽鋼的，因為塑料電熱壺即使質量再好，也會有老化的時候。不鏽鋼的雖然貴一些，但可以用很多年，如果不想經常換壺就買個不鏽鋼的吧。

3. 廚房裡要常備一個搗蒜罐，可以省去用刀切大蒜的麻煩。做菜的時候多放一些蒜和薑，可以起到去異味和殺菌的功效，對健康非常有利，並且大蒜還具有防癌的作用。

4. 砧板一定要選用木質材料的，因為木頭有天然的殺菌作用，塑膠砧板在切完生肉後細菌就會慢慢滋生。另外，家裡的塑料筷子和仿象牙筷子最好也都換成木質的，這樣既健康又省錢。

5. 廚房裡洗碗的海綿一定要買貴的好的，便宜的容易發臭變質。用海綿比用刷碗布要省錢得多，因為海綿吸的洗碗精多而且不容易髒和壞。

6. 拖把要買木棉的，容易清洗也不容易壞掉。以前那種麻繩拖把很容易發黴和發臭，而且重量沉，晾曬不方便。與其一年換兩次拖布，不如買一把好點的木棉拖把。

看了以上這些省錢的方法，你一定能從中找到對自己有用處的。請牢記，一個會省錢的家庭主婦所創造的隱財富是不容忽視的。

租服飾赴宴，體面又合算

現在，有一種社會現象正在比較前衛的人群中興起，那就是穿著租來的衣服赴宴，開著租來的車約會。但傳統的人們總有一種根深蒂固的觀念，認為租來的東西再好畢竟不是自己的，自己買的東西再差畢竟屬於自己。所以很多人對租東西不屑一顧，嘲笑別人說「有本事自己買，沒本事就別用」。其實不然，巧妙的運用租賃，既可以給足自己面子，也可以保住自己的票子，而且租賃來的東西，還可以讓你省心又省力。

運用租賃的方式來省錢已經成為一種新興的理財觀念，所以，請放棄「租東西丟人」的成見，坦然接受這種理財新觀唸吧。

仔細想想，很多時候人其實已經接受了租賃消費的觀點，只不過對於把這種方法普及開來還有些不適應。比如結婚的時候，新郎的禮服，新娘的婚紗，都是租來的，還有婚車、酒店等，甚至有的人連新房也是租來的。可見租賃在生活中並不少見。有不少人認為，結婚這樣的人生大事，各種開銷大，婚紗一生只穿一次，婚車一生也只坐一次，買來不但要花掉很多錢，而且再無使用機會，所以他們願意接受租賃。不過對於其他經常用的東西如果也去租賃，他們就會覺得很沒面子，而且長久算下來也不划算。針對這種觀點，我們不妨來看一下租賃消費的優勢。

第一大好處，超前消費，隨時更換。現在的上班族和白領大都是年輕人和中年人，這部分人總是喜歡體驗新鮮的東西，對物質的需求比較高，但是很多東西是這些人經濟能力所承受不了的。所以說租賃消費就滿足了你對新鮮產品的需求，一方面租賃不需要花多少錢就可以使用你想要使用的產品，另一方面租賃可以讓你經常換掉舊的產品，去租一些更新更好的產品。

第二大好處，時尚、潮流，提前享受。以前的老人總認為租來的東西不如買來的東西用著有面子，現在則將這種觀點反過來了，租來的東西反而更加趨於時尚和潮流。很多人看著百貨公司裡的好東西流口水，無非就是為了享受一下使用權，體驗一把成為擁有者的快感，其實這種心理感覺一旦消退，這些人對產品的興趣也就沒有這麼大了。而租賃一方面能滿足你擁有使用權的心理，一方面還能成就你追趕時尚消費的潮流，何樂而不為呢？

第三大好處，省錢、環保，方便快捷。假如你不是一個經常旅遊的人，平均兩年才旅遊一次，那麼你在家裡常備一台錄影機就不合算了，一台旅遊用的數碼攝像機稍好一點的就要5000元以上，如果租賃的話，每次不到50塊錢，而且每次旅遊都能用到最新款的機器，所以，租賃攝像機去旅遊可以幫你省下不小的一筆錢。並且租賃的東西用過之後要歸還回去，做到了迴圈利用，正符合了當下低碳、環保的主題。如果租賃一些貴重的商品，如汽車，而且就使用一次的話，根本無需考慮停車和維護的問題，使用完畢以後直接開回租賃公司，方便又快捷。

看到以上好處，相信你對租賃消費也有了一定的瞭解，希望這種划算又實惠的理財方式可以對你的生活有所幫助。假如這週末你有一場重要的宴會，同時你囊中又略有羞澀，那麼不妨試著租一套禮服去赴宴，保證讓你體面又合算。

運動公園，消遣省錢好去處

「週五的晚上乘坐私人飛機去巴厘島渡假，週六早晨直飛澳大利亞大堡礁，開著遊艇去海面上潛水，週日去巴黎購物，然後乘坐國際航班飛越亞歐大陸回來上班。」這是現在許多上班族的夢想。歸根到底，其實不過是想找個環境好一些的地方放鬆一下心情。

巴厘島和大堡礁雖然去不了，但是有一個地方，既省錢又可以消遣，那就是運動公園。

如果只要你用心觀察，就會發現你家周圍的運動公園也是一處休閒娛樂的好去處。更重要的是，在你沒有財力去夏威夷度假之前，運動公園就成了你每天放鬆身心的最佳選擇。把你玩遊戲、看電影的錢和時間省下來，去運動公園打打球、散散步，靜靜地坐一會，體會一下城市裡唯一的一片綠色，放鬆一下疲累的身心，不失為一個健康又省錢的消遣方式。從理財的角度上來講，這確實是一個很好的省錢方法，會在無形中幫你養成一個良好的心性，並且為你省下一筆不小的錢。假如你把每個月用來玩遊戲和看電影或者其它消遣方式的錢都省出來，那麼月底你會發現自己的荷包比上個月要豐滿不少。

運動公園之所以能幫你省錢，就是因為它的公共性、免費性和 365 天全開放。運動公園一般都是由政府投資興建。這些公園裡不但綠化好，還有一些文體設施，例如老年健身器材、籃球架、乒乓球檯等，如果你是個熱愛運動的人，那麼沒必要專門去辦什麼所謂的健身卡，你只需每天下班以後去小區附近的運動公園參加一些自己喜愛的運動就可以了，如果實在沒有特別愛好的運動，那就慢跑或者散步，在一個周圍都是綠色匆匆的環境裡慢跑總要好過在冰冷的跑步機運動吧。

小吳是一家外商公司的銷售人員，每天的工作壓力非常大，下班以後第一件事就是開啟電腦玩他的網路遊戲。這一點讓他的女朋友非常反感，而且兩人計劃近期結婚，小吳因為遊戲搞得不但沒有存錢，反而花掉了以前一部分積蓄。女朋友想起了以前小吳喜歡打籃球，於是天天傍晚拉著小吳去附近的體育公園打籃球，剛開始小吳還有些抵觸，可是後來小吳和經常去公園的一些籃球愛好者混熟了，和他們約定每天下班後都來切磋一二。現在的小吳，一天不去體育公園「露一手」都會手癢。

這種既不用花錢又能強身健體的運動公園，是不是你工作之餘的最好去處呢。

省錢達人的「百元周」

人的一生其實很規律，上班、賺錢、買房、還貸；上班、賺錢、買車、還貸；上班、賺錢、結婚、還貸；上班、賺錢、育兒、還貸。人這一輩子最離不開的人是父母，最離不開的事就是「還貸」，面對這個「後還貸時代」，究竟如何應對才能讓你輕鬆自如呢？今天就給教你一招，不妨體驗一下「千元周」，省錢又開心，一個月才花 4000 塊錢，剩下的薪水全部可以用來還貸款，你是不是心動了呢？

「千元周」，顧名思義，一週之內（不含週六、週日）的花銷控制在 1000 元之內，全部餐飲、交通、購物、娛樂等皆包括在內。這個方法尤其適合省錢還貸的「卡貸族」，只要你想省錢，這個方法就會對你有用。

你在附近的大學餐廳吃飯嗎

不知道你是否還記得學生時代，和同寢的室友數著手裡的零錢，計畫著中午吃飯的時候，如何讓餐廳阿姨給自己多盛一勺菜嗎？那個時候吃飯的開銷比得上現在的一半嗎？手頭拮据的你想不想依然過著吃飯很便宜還不用買菜洗碗的日子呢？那麼，放下你的「不好意思」去「重溫」一下大學時代的飯菜吧。

一般來說，大學裡的餐廳都是十分便宜的，雖然以前上學期間，可能有些人不以為然，認為大學餐廳裡的東西哪有附近小餐廳的東西好吃？可是畢業以後，找到工作，才發現大學餐廳的好處。

首先，大學餐廳的東西乾淨衛生，不會像外面攤販那樣出現衛生問題，在大學餐廳裡吃飯，最起碼你的健康有保證了。在附近大學餐廳吃飯，會讓那些不會洗碗和懶得洗碗的人稱心如意，吃完飯把盤子一放，如一般大學生那樣甩手走人。

其次，在大學餐廳裡你可以遲到各色風味，多種多樣的食物，選擇性會強很多。很多人上學的時候，不喜歡在學校餐廳吃飯，主要原因是嫌棄學校餐廳炒的菜難吃，煮的米飯夾生，蒸的饅頭生硬。後來才發現，雖然當時認為大學餐廳的飯菜不好吃，但是上了班以後只能吃一些劣質油炒出來的菜和自己親手烹飪的「傑作」。慢慢就會覺得，還是大學餐廳的飯菜比較可口，而且營養搭配也比較合理。

此外，到大學餐廳吃飯非常方便快捷，省去了你做飯的各種麻煩，不用費時費力地買菜洗菜切菜，不用煙熏火燎地烹調炸炒，而且不用洗碗（這太幸福了！），刷卡就吃，吃完把碗筷往回收台上一放就走。如果把你天天做飯的時間節省下來變成鍛鍊身體的時間，這樣你就可以做到既省錢又健康了。

從心理角度上分析，去大學餐廳吃飯不光可以幫你省錢，還可以讓你省去思考的煩惱，不用從沒下班就想著今天買什麼菜，做什麼飯，而是可以帶著大學生飯卡直接去餐廳裡大快朵頤了。

剛畢業的上班族們，如果你們的面相還沒有老到不能偽裝大學生或研究生的程度，那麼試著去大學餐廳吃飯吧，會為你們節省不少的金錢，這也是一種用餐上的科學理財方式，有機會不妨去嘗試一下。

吃速食的省錢祕笈

週末逛街時，很多女生都喜歡以速食果腹，既快捷又美味。只是速食的價位有些偏高，經常光顧未免有些負擔不起。那麼，如何才能少花錢又能經常光顧速食店呢？下面就給你介紹幾個吃速食的省錢祕籍。

祕籍一：使用各種優惠券

不管是在哪家速食店吃飯，只要優惠券有用武之地，就一定不要放過。

以麥當勞為例，不管是什麼套餐都會帶有一個漢堡＋一箇中薯＋一杯中可樂，其價格一般在15～20元之間。但是，如果你拿著優惠券去，那麼，點一個套餐，除了沒薯條（反正對於愛美的女生來說，這種容易導致發胖的「垃圾食品」不出現更好），其他的一模一樣，但是最多只要120元，這麼算來的確省了不少。如果你只是想找個地方坐坐，看看雜誌什麼的，這樣在快餐店裡呆著，特值！

除了麥當勞和肯德基的官方網站外，還有很多其他網站也能為你提供優惠券下載的服務，每個月你都可以從那裡淘到各類優惠卷，只要把他們下載並列印出來就可以了，非常划算。

祕籍二：N種免費解渴法

除非你正在燃燒，否則去麥當勞和肯德基點可樂時，最好不加冰。那些可樂本來就已經稀釋過了，再讓服務員往裡鏟上半杯冰塊……光是想想，就有一種花錢喝涼白開的感覺。如果實在想喝冰的可樂，有一種更好的辦法：先要一杯可樂（一定要聲明不加冰！）再要一杯冰塊（免費）

然後將它們混合，這樣你就得到了兩杯標準版的可樂。

說到續杯，就不得不提咖啡和紅茶。如果沒有什麼特別的愛好，在麥當勞絕對不要點紅茶。紅茶續杯的時候加的是水，咖啡續杯的時候加的仍然是咖啡，不管怎麼看都是咖啡要划算很多，而且你還可以藉口咖啡太苦而多要幾包香甜的奶精！

第四篇

目光長遠，家庭才會更幸福

第十六章 被遺忘的理財角落——退休金及遺產

人人都有退休的一天

很多年輕人聽到「退休」二字，都會覺得這件事情與自己無關，但是事實上並非如此，你還可以年輕多久呢？不管多久，你都會有幹不動的一天，倘若真到了那一天，你又該何去何從？是靠兒女養活還是去養老院度過餘生？還是依靠每個月的退休金呢？

現在越來越多的人選擇在私企、外企工作，可是國家的退休制度安排卻僅僅針對於政府公務人員。那麼在我們老了，幹不動了之後，要怎樣才可以保障我們正常的生活開支，使我們安然度過晚年生活呢？目前，我們可以依靠的養老措施主要有基礎養老保險、個人儲蓄性養老保險和商業養老保險。

基礎養老保險是指國家透過制定一系列的政策法規，保障勞動者在達到國家規定的一定年限必須解除勞動義務後，或者因為年紀過大無法繼續從事工作而離開勞動崗位後的基本生活而建立的一種社會保險制度。

有的企業還根據自身的能力建立了企業補充型養老保險。企業補充型養老保險是指在國家的政策框架內，企業為職工購買的一種具有輔助性質的養老保險。這種保險的費用可以完全由企業承擔，也可以由企業和職工共同承擔。

個人儲蓄性養老保險兼具儲蓄和保險雙重功能，這是是一種由個人自願參加、自主選擇的保險形式。由個人根據自身的收入情況，定期繳納一定數額的儲蓄性養老保險金，在退休以後，從個人儲蓄帳戶一次或分次領取養老金本息。

商業養老保險也是一種獲得養老金的途徑，它是長期人身保險的一種特殊形式，又可以叫做退休金保險。購買這種保險並且交納了一定數額的保險費以後，就可以從一定的年齡開始領取養老金。這樣，即使被保險人在退休之後收入下降，仍然可以保持退休前的生活水準。

商業養老保險的品種很多，比較常見的有分紅型養老保險、萬能型養老保險和投資連結險。相對來說，商業性養老保險比儲蓄性養老保險的風險要大一些，當然收益也會更高一些，投資者應根據自己的實際情況進行選擇。

另外，最近幾年投資市場上興起的退休基金也是一種不錯的養老理財產品。退休基金在歐美發達國家已經發展了幾十年，市場規模和投資者人數十分龐大而且成熟，但在亞洲一些國家還是一種概念性的理財產品。退休基金通常是由基金管理人經常將資金投放到比較廣泛的各種資產上，比如股票或者債券等。然後根據投資者預先設定好的退休日期，自動調整資金的投資比例，投資者在退休後一次或多次從基金公司贖回自己的投資本金和分紅。

退休金的多少取決於現在

很多人在退休以後，都會面臨退休金不夠用的問題。究其根本，大多是因為沒有提早安排退休養老計劃。

假如你的工作時間為40年，退休後還有20年養老時間。那麼你就應該在工作的40年中，拿出收入的20%來購買儲蓄性養老保險；如果你的儲蓄率還可以再高些，則可以拿出一部分資金來進行基金定投或購買投資性養老保險。用投資所得來保證自己退休以後的生活品質，若你的投資收益較高，還可以把富餘的資金當作遺產留給子女。具體說來，有以下兩點需要注意。

第一，制定養老計劃要趁早

有很多人認為養老問題應該是在退休以後，甚至是退休多年後再考慮的問題，與現在的自己沒有多大的關係。其實並不是這樣的，養老計劃最好從青年時期就開始制定。即使你現在還不到30歲，也應該以前瞻性的眼光開始規劃退休以後的生活。無論你有多忙，也無論你的資金狀況有多緊張，你最晚不能超過40歲，必須為自己安排將來的養老計劃。養老問題並不是在退休後才會凸顯出來的，它是一個應該趁早規劃、未雨綢繆、持之以恆的大事，只有這樣才能保證你擁有一個幸福的晚年生活。

第二，豐富你的理財通路

很多中老年人在理財方面過於保守，往往只選擇銀行儲蓄作為理財的唯一方式。但目前銀行的利率較低，根本無法有效地抵禦通貨膨脹。如果用定期儲蓄的方式累積退休金，要麼因為儲蓄金額太少無法滿足退休養老的生活需要，要麼因為儲蓄太多影響你現在的生活水平。雖然老年人承受風險的能力相對比較差，但仍有很多較為穩健的理財方式可以選擇，如貨幣型基金、萬能型壽險以及國債等，都是比較適合老年人的理財產品。對於年輕人來說，基金定投是一種非常不錯的理財選擇，其投資報酬率可達12%。如果你能持之以恆地堅持基金定投，那麼到你退休的時候，豐衣足食自然不在話下。

理財專家給老年投資者的建議是：以保證給付的養老險或退休年金滿足基本生活支出，以報酬率高但無保證的基金投資滿足生活品質支出。

養老險或退休年金的優點是具有保證的性質，可以降低退休養老的不確定性；缺點是報酬率偏低，需要有較高的儲蓄能力，才能獲得養老所需的足夠生活費用。解決的方法是將養老生活需求分為兩部分，第一部分是基本生活支出，第二部分是生活品質支出。一旦退休後的收入低於基本生活支出水平，就需依賴他人救濟才能過活；而生活品質支出是實現退休後理想生活所需的額外支出，具有較大的彈性。

因此，對投資性格保守、安全感需求高的人來說，以保證給付的養老險或退休年金來滿足基本生活支出，另以股票或基金等高報酬、高風險的投資工具來滿足生活品質支出，這是一種可以兼顧退休生活保障和充分發展退休後興趣愛好的資產配置方式。

提前進行退休規劃

古人云：不打無準備之戰。這句話放在退休理財中同樣適用。退休目標的制定，比如打算在什麼年齡退休，在什麼財務狀態下退休，退休後要去過怎樣的生活，都是需要在事先就做好準備和安排的。只有做出了周密的計劃，執行起來才能事半功倍。

一個完整的退休規劃，應該包括三個方面：退休時間的設計、退休後的生活規劃和退休金的儲蓄投資安排。但往往人們在制定退休計劃的過程中，會根據自己一些不切實際的想法，做出不合理的決策，從而影響到自己退休以後的生活，甚至讓自己陷入鈔票「不夠用」的尷尬局面中。

想要制定完美的退休計劃就必須要注意以下幾個方面。

第一，確定適合自己的退休年齡

提前退休還是繼續工作？這是你在制定退休計劃時會面對的第一個問題。因為在退休後你的收入會大幅減少，所以確定自己的退休年齡很重要，這將影響到你未來幾十年的生活質量和水平。

因此，你應該結合自身的身體、財務等狀況，為自己選擇一個理想的退休年齡，平衡退休前後兩段時期內完全不同的生活。

第二，制定合理的財務目標

退休後的財務狀況，不僅取決於制定的退休計劃，還會受到職業性質和生活方式的約束。在退休前的五年到十年間，是個人收入的高峰期，高收入的生活使得很多老年朋友無法適應退休後收入銳減的狀況，這就給制定退休後的財務目標帶來了麻煩。這也就是古人常說的「由儉入奢易，由奢入儉難」。

為此，我們要慎重地對待自己的消費習慣，既要維持較高的生活水準，保證生活品質不降低，又要考慮自己的實際情況，不能盲目地追求所謂的高階生活。要讓自己明白，退休年齡與財務目標的之間並不是孤立的，二者相互關聯。如果我們為了有更多的時間享受退休後的生活，就不得不提前退休，這樣一來也就無法實現退休時的財務目標；而如果為了追求更高品質的退休生活，又不得不延長工作時間，推遲你的退休年齡。

第三，細化退休後的生活期望

對於退休以後的生活，很多人都有著自己的期望和夢想。根據人們不同的需求，我們可以把人們對退休後的生活期望分為三種類型，姑且稱它們為基本保障型、小康型和享樂型。對退休生活的期望不同，必然導致退休生活所需費用的不同。無論你屬於哪種類型，都要先搞清楚自己的期望和需要，這樣才有利於你更好地進行退休規劃。

如果你想建立一個屬於自己的切實可行的退休規劃，那麼最好還是儘早地細化一下自己退休後的生活期望吧，併為此未雨綢繆地提前做好各種準備和安排。

退休後的生活費用如何估算

很多人都想在退休後過上安定的生活，不想讓自己的生活質量下降，但是有一個問題一直令他們感到十分困擾，那就是如何才能計算出自己退休後所需的生活費用。

要計算出退休後所需的生活費用，首先就要先搞清楚自己退休後第一年所需的費用、退休生活費用的年均增長率、退休金投資回報率以及退休後的剩餘壽命等，除此之外還要考慮是否要留下一點遺產給自己的兒女。

有一種比較簡單的演算法，那就是用退休後第一年的費用 × 退休後的剩餘壽命。透過這種方式我們可以大略的計算出退休後所需的生活費用是多少。

以趙先生為例，趙先生夫婦已經到了退休的年紀，在退休後的第一年中，他們生活總支出是60萬元，那麼，如果以男性78歲、女性82歲的平均壽命來估量兩人在退休後的剩餘壽命，那麼，趙先生夫婦需要為整個退休期間準備的總費用就絕對不能少於60萬 ×20=1200 萬元。

當然，這只是計算了一下大概所需的金錢，既沒有考慮到退休儲備資金的投資回報，也沒有考慮到退休後每一年花銷的增長。如果按照這樣計算所得的數字來準備退休後的資金，還將會面臨一個極大的風險，這個風險不是死得太早，而是活得太久導致退休金用無法維持正常的生活開支。因此，建議對理財越保守的人就越應該假設自己可以活得比較長，假設自己可以活得比平均剩餘壽命更長，甚至可以假設自己能活到90歲以上，並以這個年齡為基礎為基礎，計算自己退休後的總花費。

在上面介紹的計算方法中，我們並沒有考慮到其他的問題，所得出的退休生活費總額也就僅能維持我們在所估計的年限內正常的生活需要，並沒有考慮到終老以後，是否還要留些錢給子女，也就是沒有考慮到「遺產」這個問題。如果你打算給孩子留下一筆遺產，你又該怎麼做呢？其實，你可以選擇「存本取息」的方法。我們只需要計算出退休後每年所需的生活費用是多少，就可以在知道存款利率（或投資回報率）的情況下計算出應該在退休前夕預先準備好多少資金了。

還以趙先生夫婦為例，我們假定存款的利率為3％左右，那麼在不考慮他們退休後生活費用會有所增長的情況下，他們夫婦二人在退休前就要準備好60萬÷3％＝2000萬元，也就是說，趙先生夫婦倆在退休前準備2000萬元左右的資金，才能保證在給孩子留下一定遺產的情況下，每年領出足夠夫婦倆生活所需的費用。

退休老人應該如何理財

由於退休的老年人對風險的承受能力較差，所以在理財的問題上一定要慎重。在選擇投資工具時一定要根據自身對風險的承受能力，量力而行。不然投資一旦出現虧損，對老人的精神、身體以及家庭都會有較大的影響。因此，退休老人在考慮投資要注意的首要問題就是安全性。

首先向老年朋友推薦一個「保底」的理財方案，那就是儲蓄。儲蓄到目前為止最適合老年人，同時也是退休老人們選擇最多的理財方式。大多數老年人懾於高風險理財產品的風險性，不願意將「來之不易」的積蓄投入到股票、基金、房產等投機性較強的投資方式中，他們更願意將錢存放在銀行裡。那麼在閒暇之餘不妨多去瞭解一些不同的銀行的儲蓄業務，透過適當的操作來實現利息的最大化。

假如，現在活期存款的利率是0.8%，這種儲蓄模式，雖然在取用的時候較為方便，但收益未免有些太低了，如果在這一年之內沒有太大的開銷或者有多餘的錢，其實可以選擇一年期的零存整取，雖然這種方法比活期麻煩一點，但是利率會高出許多。

其次可以選擇購買國債，國債也是一種比較穩定的投資方式，它具有操作方式簡單、利率比儲蓄高、沒有利息稅、兌現能力較強、投資風險小等優點，是一種比較適合退休老年人的理財方式。但是政府發行的國債大都是長期的，比較適合長時間投資。雖然也有短期國債，但是短期國債的收益較低，對於流動性要求比較高的老年人來說，並不比選擇相應的儲蓄合算。

再次，你還可以選擇購買一些保本型的基金來投資。保本型基金是一種可以保證本金且風險小於一般基金的金融理財產品。但是在選擇購買此類型基金時，要注意選擇品牌較好、信譽度比較高的基金公司，以及適合自身需求的基金品種，不要進行盲目投資。同時，在選購基金時最好還是要多參考一下理財師的意見。

最後也可以適當考慮股票。不少退休的老人選擇將錢投入了股市，以期更高的回報。但是很多時候，由於對資訊掌握的不夠完整，或者不會分析大盤的走勢。一味地跟風投資，在股票上漲期間買入跟進，在股票下跌期間拋售，這樣很容易在波動的股市中陷入被動，不但賺的錢不多，甚至還有可能虧損。所以，理財專家一般不推薦退休老人投資股市，除非具有一定的證券分析能力，或者有抗風險能力。

另外，由於退休老年人對市場上各種理財產品缺乏足夠的瞭解，在投資理財時常常會存在一些錯誤，下面就針對幾種常見的老年人理財錯誤逐一進行分析。

錯誤一：老年人必須保守理財

雖說大多數老年人對風險的承受能力都比較低，但這並不代表老年人都適合保守型的投資產品。建議有投資想法的老年人在行動之前，先去做一個風險承受測試，如果承受風險的能力較高，那麼同樣可以購買收益較高、風險較高的理財產品。

錯誤二：為保本金選擇銀行理財

大多數老年人都認為，放在銀行裡的錢才是最安全的，不管是購買銀行理財產品還是僅僅用來儲蓄，至少本金不會損失。但是，這顯然是忽略了銀行理財產品同樣是一種有風險的金融投資工具。老年人在購買銀行理財產品時一定要注意，所購買的產品是否具有能夠保證本金的條款。

錯誤三：基金越留越值錢

很多理財家都常把「基金應該長期持有」掛在嘴邊。因此就有很多老年人在基金虧損後不聞不問。其實，這是一種錯誤的理解。基金是一種可以長期投資的方式，但這並不意味著可以在購買了基金後，就可以長期不去打理。老年投資者也可以根據市場大的行情趨勢，適當地進行一些中線波段操作（非短線和超短線）或者調換基金品種。

錯誤四：買保險是浪費金錢

保險是一種足以支撐起老人家庭財務責任的一種風險保障工具，兼具保障和投資兩種功能。它可以在風險出現時保證資金鍊的正常運作，也可以充分安排醫療和養老費用。同時，保險還可以充分地發揮資金的投資價值，獲得穩定的投資回報。所以無論如何，買保險都不是浪費金錢。

總之，退休了的老人有必要先學習一些理財方面的知識。在做投資決定時，需要綜合權衡利弊，特別是在遇到新型投資工具的時候，最好多和子女商量商量，以免上當受騙。

人生最後一次理財——遺產分配

真正具有理財頭腦的人，理財觀念是貫穿一生的，他會以最專業，最敬業的態度面對人生的每一次理財，就算是面對人生的最後一次理財，他也不會有絲毫的馬虎和懈怠。人生最後一次理財，指的就是遺產分配。

每個人處理處理遺產的方式不盡相同，有些人會選擇把遺產捐獻給社會，用於幫助那些需要幫助的人們，有些人會選擇把遺產留給自己的子女或親友。

前世界首富比爾．蓋茲退休時宣佈，他將把自己的全部財產580億美元全部捐贈給自己名下的基金會——比爾及梅琳達．蓋茨基金會，一分一毫都不留給自己的子女。比爾．蓋茲曾多次提到，他所得到的財富全部都取自於社會，他最終將把這些財富還給社會，他只是在幫助社會管理這些財富而已。世界股神兼比爾．蓋茲的好朋友華倫．巴菲特也是這樣做的，他曾在2006年6月宣佈，將把自己名下的85%的財產，約合370億美元的股票捐獻給慈善事業。

但是，絕大多數老年人都沒有這種想法。在傳統觀唸的影響下，人們通常會選擇把遺產留給自己的子女。這樣一來，就出現了一個問題：如何分配自己的遺產？

首先，要弄清楚哪些財產是死者的遺產。我國繼承法中明確規定，如果死者與他人有共同所有的財產時，應該先與他人對共同的財產進行分割，然後再將死者所分到的財產按法律規定分配給繼承人。

其次，要看被繼承人是否留下了具有法律效率的遺囑。如果有遺囑，則應遵從立囑人的分配意見。在沒有遺囑的情況下，必須要確定哪些人有繼承遺產的權利。遺產應先由第一順序繼承人繼承，其中包括死者的配偶、子女以及父母，這時第二順序繼承人是沒有權利繼承死者遺產的；如果死者沒有第一繼承人，那麼遺產就將由第二順序繼承人繼承，第二順序繼承人包括了死者的兄弟姐妹、祖父母和外祖父母。必須指出的是，即使是出嫁的女兒也具有平等的繼承權，也應分得相應的遺產份額。

最後，要確定各個繼承人的分配份額。繼承法中規定了同一順序繼承人所繼承的遺產份額應該均等。這也就是說，在沒有特殊情況的時候，每個繼承人分得的遺產數量應該均等。在某些特殊情況下，法定繼承人所繼承的遺產份額可以不均等。繼承法中對特殊情況也作出了說明，主要是指以下幾種情況：

1. 對在生活上確有困難又缺乏勞動能力的繼承人，在分配遺產時應給予適當照顧。在這裡所謂的生活困難，指的是無法維持正常的基本生活，而不是與他人相比生活條件較差；而這裡說的適當照顧，是指當可供分配的遺產比較少時，分給該繼承人的遺產應儘量滿足他的基本生活需求。

2. 在分配遺產時，可以給與被繼承人生活在一起，或者是盡了主要贍養義務的繼承人多份一點。需要注意的是，這裡說的是可以多分，不具有任何強制性。

3. 對於有贍養能力和贍養條件但未盡贍養義務的繼承人在分配遺產時，應該不分或少分。

4. 在繼承人之間經過協商一致同意的情況下，也可以不平均分配被繼承人所留下的遺產。這是繼承人協商分配的結果，法律對此不得加以干預。

揭開遺產的真實面目

有很多人搞不清楚到底什麼才是遺產，其實遺產就是指被繼承人在死亡之後所遺留下來的、可以依照繼承法的規定移轉給他人的個人合法財產。要理解什麼是遺產，必須從遺產的五個特徵著手，即時間特定性、財產性、專屬性、限定性和總體性。

所謂時間特定性，指的是遺產在時間上具有特定性。被繼承人死後所遺留下來的財產才被稱作遺產，區分個人財產和遺產的分界線是被繼承人的死亡。因為被繼承人在生前擁有對自己全部合法財產的佔有、使用、處置和收益等各項權利（即財產權），別人無權干涉或過問。這些完全由被繼承人支配的財產不能算遺產。只有當被繼承人死亡的法律事實出現時，他所遺留的個人財產才轉化為遺產。

所謂財產性，是指遺產僅指被繼承人遺留的財產權利和財產義務，而被繼承人生前所享有的人身權利以及基於人身權利而產生的義務，不屬於遺產的範疇。比如，企業承諾給予員工的股票期權，在員工意外死亡後，這種股票期權隨即滅失。

所謂專屬性，是指遺產必須是被繼承人依法擁有的個人財產，而那些被繼承人生前佔有的但沒有所有權的財產，不能視為被繼承人的遺產。另外，透過非法手段取得的財產（如貪汙受賄或盜竊所得），也不屬於被繼承人的遺產。

所謂限定性，是指繼承法中規定的能夠轉移給他人的財產，而不是被繼承人的全部財產，對於一些無法轉移分割的財產，不在遺產之列。

所謂總體性，是指遺產的範圍不僅包括被繼承者的財產，還包括被繼承人在死前所欠下的債務，二者是一個不可分割的統一體，應當同時依照繼承法轉移給繼承人。如果繼承人決定接受被繼承人的財產，那麼就必須連同被繼承人的債務一起繼承。我國民法通則中對財產作了相應的規定，指出被繼承人留下的財產是「積極財產」，而被繼承人所留下的債務屬於「消極財產」。無論是「積極財產」還是「消極財產」，都屬於可以繼承的遺產。

另外，對於那些由被繼承人出資購買，但所有權或受益權不屬於被繼承人自己的財產，也不屬於可分配的遺產。例如，劉先生在一次集體購買保險的時候，為自己購買了一份價值 500 萬的人身意外傷害保險，受益人是他的妻子許女士。三個月後，劉先生在出差時遭遇車禍，不幸去世了，留下來一間價值 1800 萬的房子和一筆存款。那麼，在劉先生所以留下來的財產中，只有那套價值 1800 萬的房子和他的存款才屬於遺產範疇。保險賠償的錢屬於他的妻子所有，不在可分配的財產範圍之列。

遺產信託管理工具

近年來遺產繼承問題引起的糾紛越來越多，關於遺產管理的問題也越來越受重視，被人們忽視很久的遺產信託管理也漸漸被越來越多的人知道。遺產信託管理就是指委託信託機構對遺產進行管理。

遺產信託管理分兩種情況：「繼承人未定前」的信託管理和「繼承人已定後」的信託管理。

「繼承人未定前」的遺產信託管理，是指在沒有訂立遺囑，遺產繼承尚存在糾紛或者遺囑中的繼承人尚未被找到的情況下，由被繼承人生前指定的受託人在分配或處理遺產前暫時對遺產進行管理。

「繼承人已定後」的遺產信託管理，是指繼承人雖然繼承了遺產，但因為某種原因不能親自有效地保護和管理這些遺產，以至於無法用這些遺產來保證自己生活所需的費用，甚至會導致財產遭受巨大損失，因而由被繼承人事先指定好的受託人，在繼承人繼承遺產後的一定時間內代理遺產管理。

遺產信託管理的期限因人而異，例如對未成年人，就到他成年為止；如果是對於沒有行為能力的成年人而言，那麼就要到他恢復行為能力或者死亡為止。

趙先生是一位律師，他早年與妻子離異，獨自撫養兒子。在一次體檢中，趙先生被診斷為肝癌晚期。為了安排好自己去世後兒子的生活，趙先生特意在生前立好遺囑，並請寡居多年的孩子的姑姑作為遺產管理的信託人，代替兒子處理自己留下的財產。半年以後，趙先生不幸去世，他指定的遺產信託開始實施。孩子被姑姑接到了自己家生活，由姑姑悉心照料，而趙先生原來的房子，則被租了出去，所得的房租收入用來作為孩子的教育儲備金。這樣，孩子就不會因為父親的死而無人照料，他仍然可以像正常家庭的孩子那樣生活、學習和成長。

透過趙先生的例子，我們可以清楚地瞭解遺產管理工具的作用和特點。這對我們來說也許沒有什麼實際作用，但是瞭解一些遺產信託管理的相關知識總是有備無患的。

立好遺囑，理好身後財

前面說完遺產分配問題，我們有必要補充一個與遺產分配息息相關的問題，那就是立遺囑。

很多人一聽到遺囑這個詞，都會覺得既熟悉又很陌生。按照過去人們對遺囑的理解，這個東西跟普通百姓沒什麼關係，這一般都是大富豪、大人物的事情，就咱們能餘下的那點錢，也犯不著去立遺囑。另外還有一個重要原因是，中國人一般都比較避諱死亡這一類的話題，早早地為自己立下遺囑，安排好身後的事情，彷彿是畫了道符來詛咒自己一樣。正是因為有這樣一個傳統觀念在作祟，所以很多人都覺得提前立下遺囑「不吉利」。即使是那些在海外生活了很多年的華人，或是受西方文明浸淫了幾輩子的華裔，也有著類似的想法。

如今隨著時代的進步和經濟的發展，人們有了閒錢之後，有的買股票，有的存黃金，動產不動產一大堆，有人供著房子當房奴，有人供著車子當車奴，不少人除了正資產，還有一大堆負資產，財產結構十分複雜，除了自己恐怕沒幾個人能搞清楚。所以為了死後不給兒孫們添麻煩，提前立好遺囑不僅是必要的，而且是必需的。

從逝於異國他鄉的台灣首富，到雖說有遺囑卻至今真假不明的香港女首富，再到前段時間因為遺產官司成為街頭巷尾八卦主角的某演員……這些層出不窮的報導使生活在現代都市的人們危機四伏，再加上個人收入的增多、生活方式的改變和資產構成的複雜化，使得人們不得不未雨綢繆，提前考慮立遺囑這個看似很遙遠的問題。

現實中不少人由於沒事先寫下遺囑，措手不及就辭別人世，留下了遺產，但忘記了留話，後人為此翻臉，讓外人看笑話，這也讓我們不得不考慮在生前立好遺囑，以防萬一。

曾有一篇媒體報道《白領定期寫遺囑漸成潮流》，文中指出現在的年輕人已經開始有了立遺囑的意識，雖然這樣做的人還很少，但是這種做法一方面證明了，現在人們擁有的財產日漸增多，富裕階層也出現了低齡化的跡象，他們有這種意識來提前考慮自己的身後事如何處理；另一方面也說明了，作為年輕人，觀念更新，更容易接受新事物，不會談死色變，更相信科學和法律。

一些法律工作者認為，早立遺囑是非常必要的，這不僅僅可以改變傳統習慣和觀念，還可以對資產進行合理的規劃分配。如果一個人在辭世前沒有立遺囑，那麼他的後人將會面臨一籮筐的問題，有的問題甚至要花費5至10年的時間才能得到解決。因此，有些人把立遺囑當成是買張「平安符」，靠遺囑來避免去世後留給親人們的各種麻煩。

提前立好遺囑，不僅可以引發對錢財對生命的思考，還可以提前規劃好資產的分配，避免因意外死亡帶給家人親友的道德尷尬和法律困繞，何樂而不為呢？

第十七章 孩子的家庭教育，從金錢教育開始

「理財盲」比「文盲」更可怕

生活在現代社會，每個人都有很多的壓力，雖然機會處處都有，但並不是人人都能成功。若想要過上幸福的生活，就必須得具備各方面素質，除了IQ、EQ之外還有一個很重要的因素就是FQ。

FQ就是財商，代表了你對金錢財物的管理能力。

在上世紀九十年代，個人理財不當的問題對美國社會形成很大衝擊，給當時美國人的家庭生活造成了很大的負面影響，其中信用卡債務是最嚴重的社會問題之一。許多人因為無力承擔信用卡所欠下的鉅額債務而面臨破產的境地，其中大部分是青年人，光是在校大學生就佔了近八成的比例。有些青年人因為無法承受債務所帶來的巨大壓力，過早地結束了自己年輕的生命。1997年，僅奧克拉荷馬大學就有兩名學生自殺身亡。

薩姆出生在美國的奧克拉荷馬州，在他18歲的時候，順利地考入了荷馬州最古老的大學——中央奧克拉荷馬大學。一直以來，薩姆都是一個學習成績非常優異的學生，他的老師們經常稱讚他的想法和創意十分獨特。但就這樣一個很受老師誇讚的年輕人，卻選擇在自己19歲的時候匆匆結束了自己的生命。他死後，人們在他的宿舍裡發現了他自殺的原因——原來薩姆生前竟擁有來

自不同銀行的信用卡，共計12張，當時他的遺體旁邊到處堆滿了信用卡的帳單和催款通知，薩姆透支的總額竟然高達30萬美金，鉅額的債務讓薩姆不堪重負，因而選擇了自殺。這件事不僅在美國公眾中引起了很大反響，同時也震驚了當時的美國政府。

這件事使人們不由得開始思考，為什麼這樣一個有文化、有素質的年輕人卻這樣不懂得管理自己的消費支出？其實這就是沒有正確的消費觀和理財觀所導致的後果。釀成悲劇的最關鍵原因，在於薩姆是一個沒有理財思想的「理財盲」。這件事發生以後，美國政府正式將每年4月定為「青少年理財教育月」，在全美範圍內推行理財教育。

其實，這種「理財教育月」很適合在全球推廣。在現行的應試教育體制下，很多家長過分注重孩子在文化知識方面的學習，而忽略了對孩子進行生活實踐方面的教育。這就導致了很多孩子在理財方面近乎一片空白，這樣是極不正確的。兒童在5—10歲期間是財商發育的最佳時期，如果沒有在這一時期開發孩子在理財上的能力，那麼很可能造成孩子對金錢沒有概念，不會合理地安排自己的花銷，長大後很容易變成「月光族」，甚至「卡努」一族。

所以，「望子成龍」的父母們，為了孩子將來的成功，請從現在就開始重視理財教育，重視培養孩子FQ的發展吧，並且請將理財教育放到與文化教育同等重要的地位上來。

父母是孩子的第一個理財老師

對於兒童來說，所有的教育都離不開父母和家庭的影響，理財教育也是如此。一個人最先能夠接觸和學習到經濟知識的地方也就是家庭，所以孩子的消費和儲蓄等各種習慣完全受到家庭的影響。

父母是孩子最好的老師。對於孩子而言，父母具有絕對的影響力，與其花大把的錢送孩子去參加理財夏令營或者盲目地塞給孩子幾本關於理財的書，倒不如好好思考一下自己的理財態度。

在教育孩子理財的時候最重要的不是用語言教育，而是用行動替孩子做出榜樣。有人曾問過非洲的聖子施韋澤博士：「在對子女的教育過程中，什麼事情是最重要的？」施韋澤博士的回答是：「第一是榜樣，第二是榜樣，第三還是榜樣。」這就說明，在孩子還不能分清是非對錯前，父母的行為就是孩子參照的標準。所以在對待金錢的問題上，父母一定要有自己明確的價值標準，以身作則，以免給孩子造成價值混亂。

父母一定要注意，在平時的家庭生活中，大至金融投資，小至日常購物，必須要做到言行一致，不要一邊說著節約，一邊過度消費。有調查結果顯示，如果在日常生活中父母喜歡揮霍金錢，那麼大多數孩子一定也不會節制花銷。

我們可以借鑑一下西方國家的兒童理財教育方法，比如在美國，就有專門為兒童理財制定的目標和要求：兒童在3歲左右，就要學會識別硬幣和紙幣；5歲左右的時候就必須要知道錢幣價值的大小，並且還要知道錢是怎麼來的；7歲左右要學會看物品的價格，要能理解「錢能換物」的理財概念；8歲就應該透過做一些力所能及的工作來賺錢，知道可以把錢存在自己的儲蓄帳戶裡；10歲就要學習每週節約一點錢，用來應付可能出現的大筆的開銷；11至12歲時就應該學會制定並執行兩週以上的開銷計劃，並且要學會如何正確地使用銀行業務中的專業術語……這些都是很值得我們借鑑的兒童理財目標體系。

在充分考慮到文化傳統和消費習慣的前提下，對孩子進行「理財教育」的主要目標應該是「培養他們正確的金錢觀念和基本的理財技巧」。比如在小學階段，孩子面臨的最大問題是零用錢如何花，家長可與孩子一起討論怎樣用錢；當帶孩子去商店時，不妨給孩子一些零錢，鼓勵他去購物付款，既使其瞭解金錢的實際價值，又可鍛鍊其膽識膽量。到了中學階段，一方面可以幫孩子嘗試買一些保險、債券、甚至股票，讓孩子體驗一下做受險人、做債權人、做股東的滋味，使其對投資與報酬之間的關係產生一點感性認識；另一方面還要培養孩子良好的消費習慣，懂得進行價格對比。在家庭有關金錢、財務問題的一些討論中，不妨讓孩子也加入進來。

孩子的消費、儲蓄習慣深受父母影響，但很多父母並不知道自己在孩子的理財教育過程中，扮演了多麼重要的角色。關於「在養成消費和理財的習慣中誰的影響最大」的問卷調查，90%的孩子選擇了「父母」，而只有10%的父母選擇了「自己」。結果表明，父母遠遠低估了自己對孩子理財的影響力。

為什麼會有這樣截然不同的調查結果呢？這其實並不難理解，孩子是在父母的「行動」中學到了理財知識，而不是在父母的「言教」上。因此不管父母自己有沒有意識到，也不管這樣的行為是好是壞，孩子確實從父母身上學到許多有關金錢的知識。

告訴孩子，金錢不等於財富

現在有很多孩子甚至家長都認為有了錢就可以算富有了，其實這種想法是錯誤的。擁有了金錢並不一定就等於擁有了財富，想要追求財富，想要讓孩子擁有財富，就必須要讓孩子明白：財富究竟是什麼？其實財富不僅僅是金錢，也不單單是財產，財富其實是一種力量，一種心理，是一種物質和精神的統一。

首先，我們應該要讓孩子知道，金錢不是萬能的。

錢，可以買到文憑，卻賣不回知識；錢，可以買來奴才，卻不能買來友誼；錢，可以買來手錶，卻不能買來時間……錢對於我們來說是很重要，但並不是最重要的。假如讓你為了錢而失去青春，失去友誼，失去親人，失去良心，那麼你會願意麼？

其次，要讓孩子們明白，只有擁有了智慧和膽識，才能擁有財富。

在這個由資訊和知識決定命運的社會裡，人們主要競爭的是創造和掌握財富的能力。這是一種無法在學校裡和書本上學到的知識，必須得靠自己的努力和在社會的實踐中獲得。關於「錢生錢」的學問和投資的膽略都是書本上學不到的知識，他們只能來自於對社會的深刻透視和生活的磨練。

每個人出生後都會去追求和創造財富，不會創造財富的人，才是真正意義上的「殘疾人」。只不過有些人把財富裝到了口袋裡，而有些人卻把財富裝到了腦子裡。其實，真正的富翁不僅要把財富裝進腦袋，更要讓財富變成實物裝進口袋裡。

在美國，有一次媒體報導了一篇新聞，說有一根穿越大西洋底部的連線美國和歐洲的電纜因破損需要立即更換。幾乎沒有人在乎這條訊息，只有一家珠寶店的小老闆沒有等閒視之，他十萬火急地籌款，毅然買下了這根報廢的電纜。當時根本沒有人能夠理解珠寶店老闆的這種做法，很多人都認為他腦子出了毛病。珠寶店老闆關上店門，將那根從大西洋底部打撈上來的電纜清洗乾淨、剪成許多小節，然後裝飾起來，變成大西洋海底電纜的紀念品出售，一時間引來無數人爭相購買。他就憑著出售電纜，輕鬆地賺取了人生中的第一桶金。這就是後來美國赫赫有名的「鑽石之王」——查爾斯．路易斯．蒂梵尼。

孩子，只有在真正理解了財富的含義之後，才能學會如何使自己變得富有，成為一個富有的人。

教會孩子理財的六件事

孩子在人生道路上所能碰到的有關於錢的問題，總結起來不外乎只有六件事，想要教會孩子理財也要教會孩子這六件事，那就是：賺錢、攢錢、消費、投資、分享財富以及借錢，這六項都至關重要。

不賺錢就沒有錢可以消費；不攢錢就無法購買大件消費品；學會投資才會用錢生錢；只顧自己花銷而不分享財富就會變得冷漠；另外，生活中可能會遇到不得不借錢的時候，因此還要學會如何借錢。

每個人由於人生觀價值觀的不同，對這六件事的重視程度都不一樣。不過都有一個共同的出發點，那就是理財要從「如何正確認識錢」開始。父母需要讓孩子明白，哪些是可以用金錢做到的事情，哪些是不能用金錢做到的事情。錢能讓我們照顧自己的生活，享受美好的未來，但是金錢卻買不到愛情、友情、親情。還有，一個人的價值不能完全用他所擁有的金錢多少來衡量，等等。當孩子對金錢有了客觀正確的認識，長大後才不會被金錢所奴役，才能按照自己的意願去享受他們的人生。

首先，我們要教會孩子的就是如何「賺錢」。想要有錢就得靠自己去賺，賺到錢之後才有錢可花。因此，在教會孩子如何花錢之前，先要教會他們如何賺錢。不知道如何賺錢，就不會知道錢的來之不易。當然，教會孩子如何賺錢，並不是說要把孩子馬上推出門外讓他去賺錢，而是要讓他明白金錢是靠辛苦努力換來的結果。

「賺錢」之後就是「存錢」，要讓孩子在平時就養成積攢金錢的好習慣，而不是只有在特別的日子或是要用錢的時候才開始存錢。雖然孩子們存的錢不會有什麼太大的用處，但重要的是要給孩子灌輸一種叫做「儲蓄」的概念。

在孩子學會了「存錢」之後，就要讓孩子要學會「消費」和「投資」。消費就是花錢，看似簡單其實不簡單。一個不會合理花錢的孩子就不可能會學會如何賺錢和管理錢，家長必須引導他們「有計劃地、合理地消費」，以及「以正確的態度對待廣告宣傳」，這是學會花錢的核心內容。投資，也就是所謂的讓錢增值，用錢生錢，給孩子灌輸這樣一種觀念也很重要。

「分享財富」是為了讓孩子懂得錢可以把世界變得更加美好，明白「大家好才是真的好」。只有懂得了這個道理，孩子才會願意和他人分享自己的金錢和財富，成為一個「真正的富翁」，而不是像一個守財奴那樣「窮得只剩下錢了」。「分享財富」的方法主要有「納稅」和「捐贈」兩種，這兩種行為中，納稅屬於是被動行為，而捐贈則完全是一種主動自發的行為。

最後要學會的是「借錢」。學會「借錢」可以使孩子成為信用社會的合格成員，這是融入現代社會的前提和基礎。要讓孩子知道，借錢的時候要深思熟慮權衡利弊，還錢的時候要信守承諾及時歸還，好借好還再借才不難，並且讓孩子瞭解信用債務有多可怕以及正確的信用卡使用方法。

關於孩子的理財教育，其實就是要讓孩子學會並且習慣這六件事。如果你還在為孩子的理財教育而煩惱，那不妨從這六件事裡找找答案。

給孩子準備一個記帳本

很多理財專家都說：「記帳是理財的起點，同時也是理財的終點。」想要理財，首先就要瞭解自己的財務狀況，而記帳就成了瞭解自己財務狀況最好的辦法。

教孩子理財也是一樣的。首先就要從建立帳本開始。有了帳本，才能有算帳的依據，不然，很容易忘記我們的錢到底都花到哪裡去了。

很多懂得理財的家長，會在給孩子零花錢的同時，為孩子準備一個記帳本，讓孩子學習記帳：這個月他得到了多少零用錢，用來幹了什麼，開銷多少，結餘多少。並根據記帳的質量來確定獎懲措施。

貴婦林女士，就是靠記帳這種方式來訓練女兒理財能力的。在林女士的家庭教育計劃中，理財教育是至關重要的一項。她和丈夫準備了一個流水帳本，無論是買電視、冰箱等大件消費，還是買青菜、蘿蔔等日常開支，都一一記帳。記帳儼然成了全家人每天的必修課。女兒從小就生活在這樣的環境下，耳濡目染，對父母記帳的事情看在眼裡，記在心上。每到晚上，總是不忘提醒媽媽記得記帳。

孩子的記帳能力是需要慢慢培養的。如果能將記帳養成習慣，那麼一定可以受益終生。讓孩子學會並習慣記帳，可以從以下幾方面著手。

首先為孩子準備一個記帳本，讓孩子記錄自己的每一筆開銷，並且在月底進行彙總，使孩子清楚地瞭解自己的財務狀況。

其次讓孩子學會做預算，月底時和孩子一起檢查預算的執行情況。讓孩子知道預算和實際之間的差額，以及產生差額的原因，從而提高以後做預算的水平。

記帳之後，還要引導孩子對自己的支出進行分析。看看哪些是必需的支出，哪些支出是可有可無的，應該怎樣安排才能更合理。

最後還要注意，在記帳的過程中，一定要養成索要發票的習慣。這樣，很容易就可以記清每一次的開支，記起帳來自然也就更加清楚明瞭。如果沒有拿到發票，就要記得及時把每一筆開銷記錄下來，以免遺忘。

父母在引導孩子學習理財時，一定要注意定期檢查，並提醒孩子注意堅持。記帳是一件繁瑣的事，需要長久堅持才能初見成效。所以只有付出耐心和細心，並把記帳變成一種習慣，才能真正做到「清楚理財，明白用錢」。

在壓歲錢上拿出新花樣

長輩發給孩子的壓歲錢，代表了一種美好的祝福和期盼。長輩們的本意是讓孩子利用壓歲錢購買一些學習文具、圖書資料或其他用品。隨著經濟收入水平的越來越高，長輩給晚輩的壓歲錢也越來越多，家長們一定要正確地教育、引導孩子，使他們把壓歲錢用在自己該花的地方，讓孩子自覺養成節約開支和不亂花錢的習慣。

1 繳納學雜費

通常來說，孩子的壓歲錢可以有以下幾種使用方式。

孩子的壓歲錢可以暫且不動，等到開學時再拿來繳納學雜費。這樣做既可以幫助家長減輕經濟負擔，又可以讓孩子從「自食其力」中受到鼓舞。

2 購買書刊雜誌

有的家長把孩子的壓歲錢直接變成了東西，如壓歲書、學習機等。其實，孩子們自己也可以把壓歲錢攢起來，用來購買書刊雜誌。這樣做既有助於幫助兒童增長知識，開闊眼界，又可以培養孩子讀書的興趣。

3 買保險

父母還可以教孩子用這筆錢去購買保險。這樣不僅可以讓孩子學會理財，還可以解決孩子在升學和成長過程中可能遇到的問題。

4 獻愛心

壓歲錢也可以拿來做一些慈善事業，比如捐獻給家扶中心，或是捐助孤兒院。透過這個過程讓孩子在學習如何理財的同時，理解什麼才是真正的財富。

5 參加儲蓄

父母可以與孩子商量，將壓歲錢存入銀行，如教育儲蓄，為孩子將來上高中和大學提前做準備。在改掉孩子亂花錢習慣的同時，向他們灌輸儲蓄的概念。

6 學習投資

家長可以讓孩子用壓歲錢購買一些風險比較小的理財產品，如基金，這樣不僅可以靈活變現，還可以得到較高的收益。此外，還可以引導孩子用「壓歲錢」購買一些紀念幣、字畫、郵票等兼具收藏價值和藝術欣賞的物品。既培養了孩子對藝術的愛好和鑑賞能力，又可以在用錢時將其變現，收穫一筆頗為豐厚的資金。

7 購買大件物品

可以讓孩子用壓歲錢購買一些渴望已久的消費品，像電腦、運動器材、樂器等。如果資金不足，那麼剩餘的部分可以由家長補齊，這樣孩子在學會節約的同時，也會擁有相當高的成就感。

8 買禮物送給長輩

家長們可以讓孩子們在長輩生日或者有意義的節日時，用壓歲錢買點經濟實惠而有意義的小禮物送給長輩，這樣可以培養孩子尊老敬賢的美德。

讓孩子成為會消費的「小大人」

父母對孩子的理財教育，除了要教會孩子如何省錢之外，還要教會孩子如何花錢，如何把每一毛錢都花在刀刃上。如果你的孩子已經開始上學了，那麼你可以適當「放權」，讓他自己打理一部分壓歲錢，同時引導他對如何使用擬定一個簡單的計劃，讓孩子在不知不覺中掌握理財常識。

很多小孩子都有「大手大腳」的毛病，經常會買很多自己喜歡但並沒有什麼實際用處的小玩意兒，過不了幾天就扔掉了。這件事讓很多家長都深感頭痛。在處理這個問題上，父母應該注重培養孩子的責任感，讓孩子自己為自己的零花錢負責。國外有人將其歸納為了五個「W」，父母可以用這五個「W」來幫助孩子成為一個理性的消費者。

第一個「W」：Why——為什麼要買？讓孩子說出他要買某樣東西的理由，如果他說不出，那麼就一定要加以限制，必要時還可以給予孩子一定的懲罰。不過這個懲罰並不等於訓斥和責罵，而是可以適當地減少零花錢的數額。大多數孩子都很心疼自己的零花錢，家長們不妨試試這個辦法。但是需要注意一點，家長的態度一定要始終如一，否則就會導致前功盡棄。

第二個「W」：What——要買什麼？因為孩子的年齡還小，心智還不夠成熟，所以很多時候孩子都不知道自己想要的究竟是什麼，家長應該限制孩子自己做主購買物品的範圍，慢慢地讓孩子知道哪些東西可以買，哪些東西不可以買。

第三個「W」：When——在什麼時間買？應該讓孩子知道，不管什麼事情都應該按照計劃的時間來做，要按活動的重要性來安排購物時間，即使是週末的活動計劃也不能因為購物而耽誤。如果孩子要和家長一起去購物，最好要等到家長有空的時候再去。家長要讓孩子知道不能一切以自我為中心，要讓孩子學會等待。

第四個「W」：Where——在什麼地方買？家長要讓孩子知道，平時消耗比較多的物品如作業簿、鉛筆、卡片等，可以到不限地方去買。這對於孩子來說，普通商品其實和名牌商品沒有什麼區別，孩子之間不應該為此而互相攀比。但要告訴孩子，不許因為貪圖便宜而去購買不明攤販的食物，尤其是不能購買校門口的散裝食品，以保證飲食安全和身體的健康。

第五個「W」：Who——由什麼人去買？家長要讓孩子明白，由於年齡較小，暫時還不能單獨到離家遠的地方去購物，想要去時，一定要由家長或其他熟悉的長輩陪同前往。當然，如果是要去離家較近的百貨公司或者量販店購物，就可以放手讓孩子自己去。

另外，多長時間給孩子一次零花錢，一次給多少，如果孩子犯了錯誤要接受怎樣的懲罰等，都應該在事先跟孩子講清楚。

教孩子支配錢物不僅是幫助他們學會理性消費，也是幫助他們解決成長中的許多困惑。透過這樣的溝通、討論和學習，能培養孩子的花錢意識，增強責任感，從而養成良好的消費習慣。

請別把貧窮代代相傳

曾有這樣一個故事：有一個記者到鄉下去體驗生活。因為老區的交通很不好，距離目的地很遠的地方就已經無法通車了，記者只好一邊走一邊打聽。途中，記者路遇一個看上去只有7、8歲的孩童在路邊放羊，交談之中出現了下面的一段對話。

記者：「孩子，為什麼不上學而在這裡放羊？」

放羊娃：「為什麼要上學？」

記者：「那你放羊是為了什麼？」

放羊娃：「羊長大了可以賣錢。」

記者：「賣了錢以後呢？」

放羊娃：「有了錢，可以蓋房子。」

記者：「蓋房子為了什麼呢？」

放羊娃：「娶媳婦。」

記者：「娶了媳婦呢？」

放羊娃不耐煩的丟出兩個字：「生孩子。」

記者又繼續問：「那孩子長大了幹什麼？」

放羊娃：「放羊。」

其實已經不用再問了，因為無論是繼續對話還是繼續生活，這個孩子都將會一直重複著這樣一個輪迴——放羊—賣錢—存錢—娶媳婦—生孩子—再放羊……

到底什麼導致了這個孩子如此單調而貧窮的生活呢？歸根結底，就是因為父母的觀念，其實貧窮也是因為同樣的原因造成的。

「父母是孩子的第一位老師」，這是一句眾所周知的話，但是有多少父母想到過這句話背後的含義？父母的行為舉止在很多情況下會對孩子造成很多不自覺的影響，久而久之就會發現，孩子在說話、做事、為人等各方面越來越與家長相像。

家長對於金錢的態度，也會對孩子造成重大的影響。如果父母花錢大手大腳，那麼孩子也一定會「揮金如土」；如果父母喜歡斤斤計較，那麼孩子就一定會成為小「葛朗台」；如果父母的財商都很高，那麼孩子一定會成為一個「理財小達人」。這就說明了，為什麼有的家庭生活條件是「一代更比一代強」，而有的家庭卻陷入了「一代不如一代」的窘境。

國家圖書館出版品預行編目(CIP)資料

會賺錢會花錢 : 家庭理財全知道 / 查繼宏 編著. -- 第一版.
-- 臺北市 : 崧燁文化, 2019.01

面 ; 公分

ISBN 978-957-681-778-6(平裝)

1.家庭理財

421 108000043

書 名：會賺錢會花錢：家庭理財全知道
作 者：查繼宏 編著
發行人：黃振庭
出版者：崧燁文化事業有限公司
發行者：崧燁文化事業有限公司
E-mail：sonbookservice@gmail.com
粉絲頁 網 址：
地 址：台北市中正區重慶南路一段六十一號八樓 815 室
8F.-815, No.61, Sec. 1, Chongqing S. Rd., Zhongzheng
Dist., Taipei City 100, Taiwan (R.O.C.)
電 話：(02)2370-3310 傳 真：(02) 2370-3210
總經銷：紅螞蟻圖書有限公司
地 址：台北市內湖區舊宗路二段 121 巷 19 號
電 話 :02-2795-3656 傳真 :02-2795-4100 網址：
印 刷 ：京峯彩色印刷有限公司（京峰數位）

本書版權為旅遊教育出版社所有授權崧博出版事業股份有限公司獨家發行電子書繁體字版。若有其他相關權利及授權需求請與本公司聯繫。

定價：550 元
發行日期： 2019 年 01 月第一版
◎ 本書以POD印製發行